KB119800

우리 역사에 숨은
수학의 비밀

한국사에서
수학을 보다

우리 역사에 숨은
수학의 비밀

한국사에서
수학을 보다

⊥ ⫼ ☰ 芥

이광연 지음

위즈덤하우스

머리말

《수학, 세계사를 만나다》를 집필한 뒤에 계속해서 마음 한구석이 허전했었는데, 그 이유를 딱히 알지 못했다. 그러다가 어느 지인한테 '세계사와 수학을 엮었는데, 왜 한국사와 수학은 엮지 않았는가?'라는 질문을 듣는 순간, 허전했던 이유를 알게 되었다. 그렇게 시작된 우리나라의 역사 공부는 수학을 공부할 때보다 더 힘들고 어려웠다. 어떤 일이 역사적으로 왜 중요한지 등을 이해하고자 많은 참고문헌을 찾아야 했고, 역사 전공자가 아니기 때문에 그 중요성을 인식하기까지 꽤 오랜 고민이 필요했다.

우여곡절 끝에 드디어 한국사에서 수학을 발견하는 원고를 완성하기는 했지만 여전히 마음 한 쪽은 허전했고, 과연 지금 이대로 책으로 출판해도 될 지 고민이 생겼다. 조금 더 역사적 진실에 다가서고 싶었고, 더 많은 수학적 사실을 알려주고 싶었다. 욕심이 커지면서 원고의 분량은 늘어났다. 하지만 독자들은 더 이해하기 어렵고 지루해질 것 같다는 생각이 들어 두꺼워진 원고를 다시 조정하는 작업을 거쳤다.

수학과 세계사의 만남을 다룬 전작의 머리말에서도 밝혔듯이 어떤 분야를 잘 모르면 무엇이 중요한지, 좋은지 알 수 없어서 책을 쓸 수 없고, 반대로 한 분야를 너무 잘 알면 많은 내용을 더 상세하게 알려주고 싶다 보니 역설적으로 책을 쓸 수 없다. 우리나라 역사에 정통하지 않은 필자는 이 말로 스스로를 위로하며 아쉽지만 이 정도에서 마무리를 하였다.

이 책을 쓰기 위해 우리나라 역사를 공부하면서 가장 깊은 감동을 느낀 것은 세종 대왕께서 수학을 직접 공부했다는 점이다. 신하들의 만류에도 불구하고 백성을 위하여 밤새워 수학을 공부한 세종 대왕의 위대함과 백성을 위하는 정치가는 어떠해야 하는지를 엿볼 수 있었기 때문이다. 아쉬움을 느낀 역사는 순조의 아들인 효명 세자의 죽음이었다. 효명 세자가 요절하지 않고 왕위에 올랐다면 조선 말의 혼란이 조금은 줄어들지 않았을까 하는 상상을 해 보았다.

우리나라 역사와 수학의 만남을 찾고 엮기 위해 밤새워 가며 고민하기는 했지만, 독자들이 보기에 어리석거나 무리한 연결이 있을 수도 있다. 그래서 비록 졸필이지만, 독자는 우리나라의 역사적 순간에 수학이 어떤 역할을 했고, 또 수학으로 인하여 역사가 어떻게 전개되었는지 가볍게 소개했구나 하는 정도로 필자를 이해해 주길 기대한다.

끝으로 이 책이 나오기까지 아낌없는 노력을 해 주신 편집진에게 특별히 감사를 표한다.

2020년, COVID-19로 고생하시는 독자들의 건강을 바라며.

이광연

차례

선사 시대의 대표 도구들 :
황금비와 회전체

선사 시대 사람들은 돌, 흙, 나무 등으로 수많은 도구를 만들어 썼다. 이들이 만든 도구에는 수학의 원리가 담겨 있다. 구석기 시대 주거지에서 흔히 볼 수 있는 돌을 가공해 만든 주먹도끼에는 황금 비율이 숨어 있다. 물레를 돌려 토기를 만든 선사 시대 사람들은 수학의 회전체 원리를 이해했을 것으로 보인다.

선사 시대의 맥가이버 칼인
주먹도끼와 황금비

한반도에는 구석기 시대부터 사람들이 살았다. 이때 사람들은 돌, 나무, 동물 뼈 등으로 생활에 필요한 도구를 만들어 썼다. 그중 돌로 도구를 만드는 방법은 다음과 같다. 돌 2개를 양손에 든 채 한 손에 든 돌로 다른 손에 든 돌의 가장자리 한 끝을 때리면 돌 조각이 떨어져 나간다. 그 떨어져 나간 날카로운 돌 조각을 도구로 썼다. 이와 같이 만든 석기를 뗀석기라 하며 뗀석기는 여러 용도로 쓰였다. 동물을 사냥하거나 풀뿌리를 캘 때, 나뭇가지를 자르고 열매껍질을 벗기는 데도 유용했다. 뗀석기를 쓰기 시작한 것은 자연적으로 깨진 돌 조각을 사용하면서부터였을 것으로 추정된다.

아래 유물은 우리나라 연천군 전곡리에서 발굴된 구석기 시대 돌도끼들이다. 한 손으로 쥘 수 있을 정도의 크기여서 주먹도끼라고도 한다. 주먹도끼는 모두 비슷한 모양으로, 일정한 크기와 비율에 맞게 세심하게 돌 조각을 떼어 냈음을 짐작할 수 있다.

연천군 전곡리 뗀석기
전곡리 유적에서 발견된 뗀석기들은 근처 강가에서 흔히 볼 수 있는 자갈로 만들었다. 국립중앙박물관

이런 짐작은 주먹 돌도끼를 수학적으로 연구한 논문 〈주먹 돌도끼에 나타난 황금비〉를 통하여 그 일부가 사실임이 밝혀졌다. 특히 이 논문에서는 크고 작은 돌도끼 여러 개를 실측한 결과, 가로와 세로의 비율이 일정한 관계를 갖고 있음을 보여 준다. 이 논문의 저자는 가로와 세로 길이의 상관관계는 주먹도끼 제작자들이 기하학적인 의미에 있어서 비율 감각이 있었는지를 시험할 수 있도록 해 준다고 주장한다. 즉, 주먹도끼의 크기와 관계없이 동일한 상관관계를 가지고 있다는 것이다.

논문에 제시된 주먹도끼 세 개는 크기와 관계없이 동일한 형태가 될 수 있도록 너비와 높이의 비율을 유지하면서 만들어졌음을 알 수 있다. 실제 주먹도끼의 너비와 높이는 비례하기 때문에 그림에서와 같이 너비와 높이는 양의 상관관계가 있음을 알 수 있다. 또 오른쪽 그림에서 주먹도끼의 너비와 높이의 비는 모두 황금비에 거의 가깝다.

$$10 : 16 = 15 : 24 = 25 : 40 = 1 : 1.6$$

모비우스 이론을 폐기시킨 연천 전곡 주먹도끼

1970년대에 미국 학자 모비우스는 전기 구석기 문화를 서양의 주먹도끼 문화권과 동아시아의 찍개 문화권으로 나누었다. 더 나아가 돌의 양쪽 면을 모두 쳐서 만든 주먹도끼가 한쪽 면만 가공한 찍개보다 훨씬 더 뛰어난 도구라고 주장했다.

그러나 1978년 4월 어느 날, 주한 미군 병사 그렉 보웬(Greg L.Bowen)이 여자 친구와 경기도 연천 전곡리 한탄강 근처를 산책하다가 이상한 돌 하나를 발견하면서 이 이론은 역사 속으로 사라지게 되었다. 고고학을 공부한 보웬은 주변을 더 뒤져 돌 3~4개를 더 찾은 뒤 프랑스와 한국의 구석기 대가에게 알렸고, 그가 발견한 것이 주먹도끼라는 것을 확인 받았다.

그 뒤 우리나라 여러 구석기 유적지에서도 주먹도끼까 발견되었다. 최근 중국에서도 주먹도끼가 많이 발견된다.

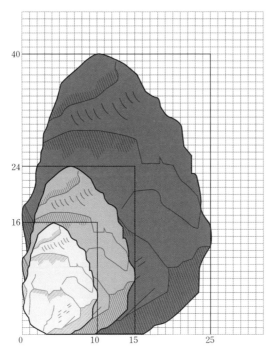

주먹 돌도끼에 나타난 황금비

가로와 세로의 길이의 비가 황금비인 직사각형을 황금직사각형이라고 한다. 황금직사각형을 이해하기 위하여 먼저 황금비의 정확한 정의를 알아보자. 다음 그림에서 보듯이 선분 AC에서 짧은 선분 AB의 길이를 S라 하고 긴 선분 BC의 길이를 L이라고 한다면, 다음과 같은 식으로 나타낼 수 있다.

A   B   C

$\cdots S \cdots$ $\cdots L \cdots$

$$\frac{\overline{AB}}{\overline{BC}} = \frac{\overline{BC}}{\overline{AC}}, \; 즉 \; \frac{S}{L} = \frac{L}{S+L}$$

다시 말하면 짧은 선분의 길이 S와 긴 선분의 길이 L의 비는 L과 전체의 길이 $S+L$의 비와 같게 되는데, 이와 같은 비로 분할하는 것을 '황금분할(Golden Section)'이라고 하고, 이때 $S:L$을 황금비라고 한다.

황금비를 수식으로 나타내 보자. $S=1$, $L=x$라고 하면

$\dfrac{S}{L}=\dfrac{L}{S+L}$ 로부터 $\dfrac{1}{x}=\dfrac{x}{1+x}$ 가 성립한다. 이를 정리하면 다음과 같은 이차방정식이 된다.

$$x^2=1+x \quad \Longleftrightarrow \quad x^2-x-1=0$$

이 방정식의 해를 근의 공식을 이용하여 구하면 두 가지가 나오는데, x가 길이이므로 x의 값은 다음과 같다.

$$x^2=\frac{1\pm\sqrt{5}}{2}\ \text{에서}\ x>0\text{이므로}\ x=\frac{1+\sqrt{5}}{2}\approx1.6$$

따라서 황금비는 $S:L=1:\dfrac{1+\sqrt{5}}{2}$ 임을 알 수 있으며, 간단히 $1:1.6$으로 나타내기도 하며 1.6을 황금비율이라고 한다.

이제 가로와 세로의 비가 $1:1.6$인 황금직사각형을 작도해 보자. 먼저 다음 그림과 같이 한 변의 길이가 2인 정사각형 ABCD를 그린다. 그다음 변 AB의 중점 E를 잡고, 점 E에서 꼭짓점 C로 직선을 그린다.

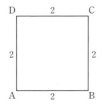
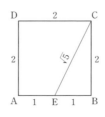
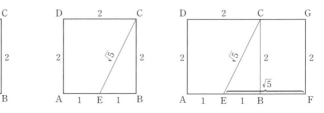

그러면 선분 EC의 길이는 피타고라스 정리에 의하여, $\sqrt{5}$이고, $\sqrt{5} \approx$ 2.236이다. 그다음 변 AB를 연장하는데 점 E에서 거리가 $\sqrt{5}$가 되도록 해서 점 F를 잡는다. 그러면 직사각형 AFGD의 변의 길이의 비는 $2 : (\sqrt{5}+1)$이다. 이렇게 완성된 직사각형의 세로의 길이와 가로의 길이의 비는 $1 : \dfrac{1+\sqrt{5}}{2} \approx 1 : 1.6$인 황금비이기 때문에 이 사각형을 황금직사각형이라고 한다.

다음과 같은 차례로 더 간단히 황금직사각형을 만들 수도 있다.

❶ 한 변의 길이가 1인 정사각형 두 개를 붙여서 그린다.

❷ 한 변의 길이가 2인 정사각형을 ❶에서 그린 정사각형에 접하게 그린다.

❸ ❶과 ❷에서 그린 한 변의 길이가 1과 2인 정사각형과 접하게 한 변의 길이가 3인 정사각형을 그린다.

❹ ❷와 ❸에서 그린 한 변의 길이가 2, 3인 정사각형과 접하게 한 변의 길이가 5인 정사각형을 그린다.

❺ ❹와 같은 방법으로 정사각형을 계속 그린다.

이와 같은 차례로 정사각형을 그려 나가면 오른쪽 그림과 같은 황금직사각형을 얻을 수 있다.

신석기 시대 빗살무늬토기에서
물레까지, 회전체 원리

돌을 깨트리거나 떼어 내 만든 뗀
석기는 구석기 시대의 주요 도구
였다. 구석기 시대 다음에 오는 신석기 시대에는 돌을 갈아 다듬은 간석
기를 주로 썼다. 우리나라에서 신석기 시대는 기원전 8000년쯤부터
시작되었다고 한다. 신석기 시대 사람들은 간석기 외에도 진흙을 빚어
불에 구워 만든 토기에 음식을 조리하거나 저장했다. 이 시대의 대표적
인 토기는 빗살무늬토기이다. 이 토기는 표면에 빗살처럼 생긴 무늬를
넣은 것으로 밑은 뾰족하고 위로 갈수록 넓어져 땅에 박거나 어딘가에
매달아 놓고 사용했으리라 추정한다.

우리나라에서 빗살무늬토기가 출토된 지역은 거의 대부분이 생활하기

김해식 토기
김해 조개무지에서 처음 발견되어 김해식 토기라고 부른다. 이 토기들은 물레나 회전판을 사용해 모양
을 만든 뒤 불에 구워 사용했다. 한양대학교 박물관

편리한 강가나 바닷가에 위치하고 있다. 대표적인 지역은 평남 온천 궁산리, 황해도 봉산 지탑리, 서울 암사동, 경기도 하남 미사동, 부산 동삼동, 강원도 양양 오산리 등이다.

토기 제작 방법은 대체로 반죽한 점토를 일정한 크기의 테로 만들어 쌓아 올린 테쌓기나 긴 점토 띠를 나선형으로 감아올리는 띠쌓기 식으로 만든 것이 많다. 이런 식으로 토기를 만들면 위로 갈수록 벌어져 밑 부분은 뾰족한 모양이 된다고 한다. 즉, 선사 시대 사람들의 미학이 반영되었다기보다는 기술적 한계에서 비롯되었다고 볼 수 있다.

이때까지는 회전판의 회전력을 이용하여 형태를 만드는 물레는 아직 사용하지 않았던 것으로 추측된다. 물레는 기원전 4000년대에 메소포타미아 지역에서 발명되어 주변의 여러 지역으로 전파된 것으로 알려져 있다. 아시아 지역에서는 기원전 3000년쯤부터 시작된 중국 룽산 문화(龍山文化)에서 처음 사용했다고 하고, 우리나라에서는 기원 전후 시기에 김해식 토기에서부터 사용되었다고 한다.

물레를 이용하여 토기를 만들 수 있다는 것은 회전체의 원리를 이해했다는 것이다. 수학에서 회전체는 평면도형을 한 직선을 축으로 하여 1회전한 입체도형을 말한다. 이를테면 직사각형이나 직각삼각형 모양의 종이를 나무젓가락에 붙여서 돌렸을 때 볼 수 있는 원기둥이나 원뿔이 회전체이다. 이때 축으로 사용한 직선을 회전축이라고 한다. 따라서 원기둥과 원뿔은 모두 회전체이다. 회전체는 아주 다양하며, 회전축을 중심으로 좌우대칭이다.

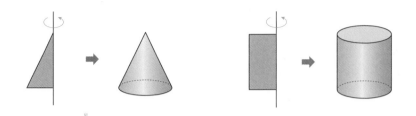

축구공, 농구공, 구슬, 동그란 사탕 등 우리 주변에서 찾아볼 수 있는 공 모양은 셀 수 없이 많으며, 이런 공 모양 역시 회전체이다. 반원의 지름을 회전축으로 하여 1회전한 회전체를 구라고 한다. 구의 지름은 항상 원의 중심을 지나므로 반원의 중심은 구의 중심이 되고, 반원의 반지름은 구의 반지름이다.

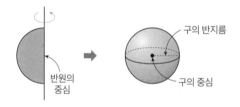

한편 도넛, 튜브, 두루마리 화장지, 병처럼 속이 비어 있는 회전체도 있다. 이런 회전체는 평면도형을 회전축과 떨어뜨려서 1회전하면 만들 수 있다. 도넛 모양의 회전체는 원을 회전축과 떨어뜨려서 1회전한 것이고, 화장지 모양의 회전체는 직사각형을 회전축에서 떨어뜨려서 1회전하면 만들 수 있다.

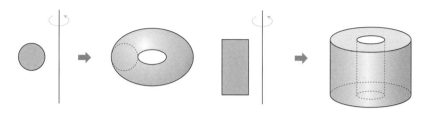

회전체는 여러 가지 성질이 있는데, 그중에서 회전체의 가운데를 잘 랐을 때 생기는 단면을 관찰하는 것이다. 회전체는 세 가지 다른 방법으로 자를 수 있다. 첫째는 회전축을 품은 평면으로 자르는 경우, 두 번째는 회전축에 수직인 평면으로 자르는 경우, 그리고 마지막으로 그 외의 방향으로 자르는 경우이다.

다음 그림과 같이 원기둥을 세 가지 방법으로 잘라 보자. 먼저 원기둥을 회전축을 품은 평면으로 자르면 그 단면은 직사각형이 된다. 회전축에 수직인 평면으로 자른 단면은 원이 된다. 그러나 그 외의 방향으로 자른 단면은 타원이 된다.

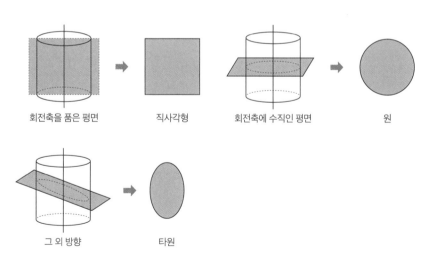

| 회전축을 품은 평면 | 직사각형 | 회전축에 수직인 평면 | 원 |

| 그 외 방향 | 타원 |

다음 그림과 같이 원뿔을 잘랐을 때는 삼각형, 원, 타원 모양이 된다.

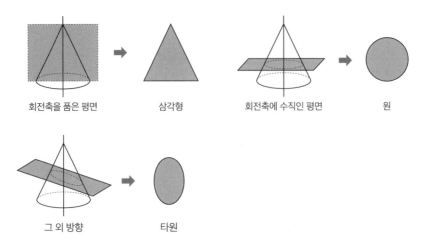

| 회전축을 품은 평면 | 삼각형 | 회전축에 수직인 평면 | 원 |

그 외 방향   타원

그런데 어느 방향으로 잘라도 항상 원이 나오는 회전체가 있는데, 그건 바로 구이다. 다음 그림과 같이 구는 어느 방향으로 잘라도 항상 단면은 원이다.

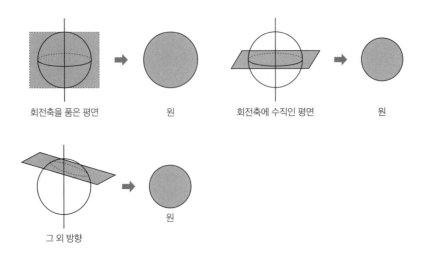

회전축을 품은 평면   원   회전축에 수직인 평면   원

그 외 방향   원

우리나라 신석기 토기 중에 물레를 사용한 것은 아직 발견되지 않았지만, 흥미로운 것은 빗살무늬토기의 전체 모양이 포물선과 닮았다는 것이다. 포물선이나 포물선을 회전시켰을 때 만들어지는 포물면 등은 그 독특한 성질 때문에 오늘날 실생활에서도 매우 유용하게 활용되며, 우리 주변에서 쉽게 찾아볼 수 있다. 조리 기구나 그릇, 간이 식탁, 의자를 비롯하여 전파를 탐지하는 접시 모양의 포물면이나 자동차의 전조등이 대표적인 경우이다. 최근에는 빛을 한곳으로 모으는 성질을 활용한 포물면 모양의 요리 기구인 '태양열 접시형 조리기'를 사용하기도 한다.

이제 서울 암사동에서 출토된 빗살무늬토기가 포물선 모양인지 확인해 보자. 오른쪽 그림은 컴퓨터 프로그램을 이용하여 이차함수 $y=x^2$의 그래프를 그리고, 그래프 위에 빗살무늬토기를 겹쳐 놓은 것이다. 이차함수 $y=x^2$의 그래프가 포물선이므로 빗살무늬토기의 전체 모양이 포물선과 거의 같음을 쉽게 확인할 수 있다.

이와 같은 수학적 성질을 이용하면 작은 조각만 출토된 빗살무늬토기도 원형에 가깝게 복원할 수 있다.

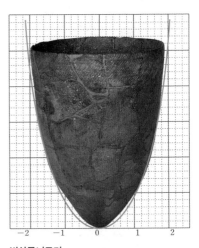

빗살무늬토기
빗살무늬토기는 신석기 시대를 대표하는 유물로, 점과 선으로 이루어진 기하학적 무늬로 장식되어 있다. 국립중앙박물관

고조선의 건국과 단군 신화 :
3이라는 수

우리나라의 건국 설화인 단군 신화에 자주 나오는 숫자 3은 수학적 의미뿐만 아니라 하늘과 땅과
사람이 하나라는 우주관을 담은 상징적인 수이기도 하다. 우리 조상들처럼 고대 그리스 사람들도
부모의 수인 1과 2 사이에 처음으로 태어난 수 3이 최초의 수이자 가장 오래된 수라고 생각했다.
이처럼 수 3은 고대부터 지금까지 우리 생활 깊숙이 스며 있다.

단군 신화에 자주 나오는
수가 가진 의미

청동기 문화의 발전과 함께 부족
장이 지배하는 사회가 나타나기

시작했다. 세력이 강한 부족장은 주변의 여러 부족을 통합하며 점차 세
력을 넓혀 나갔다. 큰 권력을 갖게 된 부족장이 권위를 높이기 위하여
자신의 출생지가 하늘이라는 이야기를 꾸며 내면서 신화가 탄생하게
되었다. 신화는 곧이곧대로 믿을 수는 없지만 당시의 상황을 표현하고
있는 또 하나의 역사라고 할 수 있다. 우리 민족의 시조인 단군에 대한
신화도 마찬가지이다.

우리 민족은 오래된 건국 신화를 가지고 있다. 그 신화는 고려 충렬
왕 7년인 1281년에 승려 일연이 쓴 《삼국유사》에 처음 나타난다. 《삼국
유사》에 기록된 단군 신화를 살펴보면 다음과 같다.

환인桓因의 아들 환웅桓雄이 자주 천하에 뜻을 두고 인간 세상을 탐내어
구하였다. 아버지가 뜻을 알고는 삼위태백三危太伯(봉우리가 셋인 태백산)을 내
려다보니 인간을 널리 이롭게 할 만하여, 천부인天符印 세 개를 주어 인간
세상을 다스리게 하였다.
환웅은 무리 3,000명을 거느리고 태백산太白山(지금의 백두산) 꼭대기 신단
수神壇樹 아래로 내려왔다. 이곳을 신시神市라 하고 이분을 환웅천왕이라
한다. 풍백風伯(바람을 맡은 신), 우사雨師(비를 맡은 신), 운사雲師(구름을 맡은 신)를
거느리고 곡식·생명·질병·형벌·선·악 등 인간 세상의 360여 가지 일을
주관하여 세상을 다스려 교화하였다.
그 당시 곰 한 마리와 호랑이 한 마리가 같은 굴속에 살았는데, 항상 환웅

21

에게 사람이 되기를 기원하였다. 환웅이 신령스런 쑥 한 다발과 마늘 스무 개를 주면서 말하였다.

"이것을 먹고 100일 동안 햇빛을 보지 않으면 곧 사람이 되리라."

곰과 호랑이는 삼칠일 동안 금기했는데, 금기를 잘 지킨 곰은 여자의 몸이 되었지만, 호랑이는 금기를 지키지 못하여 사람의 몸이 되지 못하였다.

사람이 된 웅녀는 혼인할 상대가 없었으므로 매일 신단수 아래에서 아이를 갖게 해 달라고 빌었다. 환웅이 잠시 사람으로 변해 그녀와 혼인하여 아들을 낳았으니 단군왕검檀君王儉이다.

단군왕검은 당요唐堯 (중국의 요 임금)가 즉위한 지 50년이 되는 경인년에 평양성에 도읍을 정하고 비로소 조선朝鮮이라고 불렀다.

단군 영정
국립민속박물관에서 소장하고 있는 단군 영정이다. 액자 형태로 단군이 푸른 하늘과 들을 배경으로 의자에 앉아 있다. 머리 뒤에는 광배, 허리에는 풀로 만든 허리띠가 둘러져 있다.

다시 도읍을 백악산 아사달로 옮기니, 그곳을 궁홀산 또는 금미달이라고 부르기도 한다. 그는 1500년 동안 이곳에서 나라를 다스렸다. 주周 무왕武王이 즉위하던 기묘년에 기자箕子를 조선의 임금으로 봉하였다. 이에 단군은 장당경으로 옮겼다가 그 후 아사달로 돌아와 산신이 되었는데, 이때 나이는 1908세였다.

이상은 《삼국유사》가 전하는 단군 신화이다. 《삼국유사》에는 단군이 조선을 세운 시기가 중국 요 임금이 즉위한 지 50년이 되는 해라고 기록되었는데, 오늘날의 연도로 따지면 기원전 2283년이다. 그러나 비슷한 시기에 이승휴가 지은 《제왕운기》에는 요 임금 즉위 시기와 같은 기원전 2333년에 단군이 조선을 건국한 것으로 되어 있다. 조선 시대 이후로 《제왕운기》의 연도를 따르고 있으므로 단군이 나라를 세운 것은 약 5000년 전이다.

이제, 이 신화에 숨어 있는 몇 가지 의미를 살펴보자.

먼저 환웅이 하늘에서 내려왔다고 했는데, 이는 우월한 문명을 가진 사람들이 다른 지역에서 이주해 왔음을 나타낸다. 웅녀와 호랑이는 각각 곰과 호랑이를 신으로 섬기며 태백산 지역에 살던 토착 부족이었으며, 호랑이를 숭배하던 부족이 이주민 세력에게 저항하다가 패퇴한 것으로 볼 수 있다. 또 다른 해석으로는 하늘 또는 태양을 섬기는 태양족인 환웅이 왕이 되었고 왕비는 곰족 출신이라는 것이다. 호랑이가 여자가 되지 못한 것은 호랑이족이 왕비를 내려고 경쟁했으나 곰족에게 진 것을 뜻한다.

어쨌든 하늘의 아들과 인간 세상의 웅녀가 결혼하여 단군왕검이 태어났다. 단군왕검은 제사장을 가리키는 단군과 정치 지배자를 뜻하는 왕검을 합친 말인데, 여기에서 고조선이 제정일치 사회였음을 알 수 있다. 또 풍백, 우사, 운사는 각각 바람, 비, 구름을 맡은 신으로, 고조선이 농경 사회였음도 알 수 있다. 인간 세상의 360여 가지 일을 주관하여 세상을 다스려 교화하였다는 것은 보통 1년을 360일로 봤던 고대의 시간 개념으로 인간 세상의 모든 일을 뜻한다. 즉, 생업인 농업과 법 제도인 형벌, 도덕적 관념인 선악 여부의 판정에 이르기까지 통치체제 전반을 갖추었음을 알 수 있다.

그런데 단군 신화에는 유독 숫자 3이 많이 나온다. 단군 신화에서 3

삼신할머니

우리나라 민간에서 아기의 출산과 양육을 맡은 여신이다. 집안을 지켜주는 신으로, 삼신이라고도 한다. 산모와 갓난아기를 보호하고 아이를 원하는 사람에게 아기를 점지하기도 한다. 아이를 낳으면 3일, 7일, 21일에 삼신할머니에게 바치는 삼신상을 차렸다. 삼신상에는 대개 밥, 미역국, 깨끗한 물 한 그릇을 놓았다. 삼신상은 아기의 건강과 산모의 빠른 쾌유, 다음 출산의 무사를 비는 의미이기도 했다. 의학이 발달한 오늘날에는 삼신 신앙이 점차 잊히고 있다.

은 단순한 수학적 의미라기보다는 천지인(天地人)이 하나라는 우주관을 담은 상징적인 수라고 할 수 있다. 우선 신화에는 천신(天神)인 환인, 지신(地神)인 환웅, 인신(人神)인 단군의 삼신(三神)이 등장한다. 우리 민속에서는 이 세 신을 삼신으로 부르는데, 삼신이 할머니 모습을 하고 있다고 해서 여신인 삼신할머니(삼신할매)라고 보기도 한다. 두 번째, 환웅이 하늘에서 처음 내려온 삼위태백인데, 이는 봉우리가 3개 있는 산이라는 뜻이다. 세 번째, 환웅이 지상에 내려올 때 환인에게서 천부인(天符印) 세 가지를 받아 온다. 천부인은 칼, 거울, 방울(또는 옥)을 가리키는 것으로 추측하고 있다. 칼은 악한 자를 벌주는 도구이고, 거울은 하느님의 얼굴을 비추는 도구이며, 방울은 하느님의 목소리를 듣는 도구이다. 네 번째, 환웅이 세 신하인 풍백, 우사, 운사와 함께 3000명을 데리고 왔다.

여기서 3000명은 상징적인 수로 많은 사람을 나타낸다고 할 수 있다. 다섯 번째, 곰이 삼칠일 동안 동굴에서 쑥과 마늘을 먹고 사람이 되었다는 것인데, 삼칠일은 21일이다. 단순히 21일이라고 해도 되지만 굳이 3을 넣어서 말하고 있다. 여섯 번째, 단군왕검의 통치 기간 1500년과 단군왕검의 나이 1908세는 모두 3의 배수이다.

3에 대하여 고대 중국의 사상가인 노자는 다음과 같이 말했다.

"도는 1을 낳고, 1은 2를 낳고, 2는 3을 낳았다."

여기서 3은 음양의 삼합(三合)을 나타낸다. 동양에서는 하늘, 땅, 사람을 삼재(三才)라 했는데, 동양 사상의 기본은 하늘, 땅, 사람의 삼재를 기본으로 하여 음과 양이 화합해 만물이 창조되므로 수 3은 완성과 안정을 상징한다.

고대 그리스인들의 수
모나드, 디아드, 트리아드

동양에서처럼 서양에서도 3은 특별한 의미를 갖는 매우 중요한 수이다. 서양에서 3이 어떤 의미인지 알아보자.

고대 그리스에서는 1, 2, 3에 큰 의미를 부여했다. 고대 그리스인들은 1을 근본적으로 창조와 일치시켰다. 그래서 그들은 숫자 1을 존재라는 의미의 '아우시아(Ousia)'라고 불렀고, 우주에서 영속성의 원천이고 모든 것의 기원이라고 생각했다. 왜냐하면 1은 하나의 점으로 표현되며 모든 것에 앞서고 선은 점에서 시작되고 평면은 선에서 시작되며 삼차원 입체는 평면에서 시작되므로 1은 창조의 첫 번째 원리이자 모든 것에 잠재되어 있기 때문이다. 고대 그리스인들에게 원은 1이라는 수를 상징했다. 그들은 원이 그 다음에 잇따르는 모든 기하학적 모양의 원천이라고 믿었다. 원으로 표현되는 원리를 그리스어로 '모나드(Monad)'라고 하는데, 그 어원은 '안전하다'는 뜻의 menein과 '단일성'이라는 뜻의 monas이다.

원

고대 그리스인들은 1을 하나의 수로 생각하지 않고 모든 수의 부모로 간주하며, 3가지 원리가 있다고 생각했다. 모나드의 첫 번째 원리는 빛과 공간과 시간과 힘이 모든 방향으로 고르게 펼쳐 나가는 것이라고 했다. 이는 우주의 창조 과정을 기하학적 은유로 표현한 것이다. 두 번째 원리는 정지해 있지 않은 원의 회전운동이라고 생각했다. 회전운동에 의하여 일정한 주기가 생기고 우주의 모든 것은 일정한 주기를 가지고 있기 때문이었다. 그리고 마지막 세 번째 원리는 원주 내부의 면적과 관련이 있다. 원은 모든 모양 중에서 최소의 길이로 최대의 공간을 가둘 수 있는데 이것이 바로 최대 효율성의 원리라고 했다.

모나드로부터 변화된 첫 번째 창조의 과정은 '디아드(Dyad)'로 표현된다. 즉 하나의 원이 분열하여 두 개의 원을 이루는 이원성을 갖게 된다. 따라서 디아드는 분열성, 반대성, 분기성, 불평등성, 가분성, 그리고 변하기 쉬운 성질 등을 나타낸다. 모나드가 절제와 중용을 표현하는 반면 디아드는 무절제와 과잉을 표현하고, 부족과 무한과 불확정성을 포함하고 있다.

고대 그리스인들에게 디아드는 반대개념의 원천인 동시에 1과 함께 다른 모든 수들의 부모라고 생각했다. 점과 선으로 1과 2를 표현할 수 있는데, 이것들은 손으로 직접 만질 수 있는 것이 아니며 실재하지도 않는 것이다. 또 한두 개의 점이나 선으로는 어떤 실재적인 형태의 도형을 만들 수 없다. 하지만 세상의 모든 기하학적 패턴은 이들로부터 시작된다.

디아드로 표현되는 2는 아주 독특한 성질을 가지고 있다. 2는 자신과 같은 수를 더한 것이 자신과 같은 수를 곱한 것과 같은 결과가 나오는 유일한 수이다. 즉 $2+2=2\times2$이다. 그리고 2는 1과 그 뒤에 잇따르는 모든 수, 즉 일자(一者)와 다자(多者) 사이를 잇는 통로이다. 2는 모나드와 나머지 모든 수의 중개자, 전이 단계, 문이나 입구의 역할을 한다. 그래서 디아드의 상징은 서로 연결된 두 원이 주는 기하학적 모양을 하고 있다.

두 원 사이에 아몬드 모양으로 서로 겹친 영역은 기하학자, 건축가, 신화 작가들의 관심의 대상이었다. 그 모양은 기독교 문화권에서 예수를 물고기로 나타내던 바로 그 '베시카 피시스(vesica piscis 라틴어로 '물고기의 부레'라는 뜻)'이다. 인도에서는 이것을 아몬드라는 뜻의 만돌라라고 부르는데, 메소포타미아, 아프리카, 아시아를 비롯한 여러 지역의 초기 문명에 널리 알려져 있었다.

모나드와 디아드로 불리는 1과 2가 베시카 피시스와 결합하면, 자연계의 여러 가지 형태와 기하학적인 모양과 패턴을 만들어 낸다. 그래서 베시카 피시스는 '카오스의 자궁', '밤의 여신의 자궁', '창조의 단어를 말하는 입'으로 불리기도 했다. 이런 디아드를 통과하면 이제 균형과 구조의 원리를 전하는 '트리아드(Triad)'를 만난다.

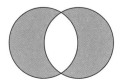

베시카 피시스 또는 만돌라

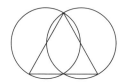

삼각형의 탄생

고대 그리스인들은 1과 2를 수들의 부모로 여겼기 때문에 그 사이에서 처음으로 태어난 3은 최초의 수이자 가장 오래된 수이다. 이것은 정삼각형으로 표현되며, 정삼각형은 베시카 피시스의 문을 통해 출현하는 최초의 모양으로 다자 중 첫 번째 것이다. 1과 2를 부모로 하여 태어난 최초의 수로 트리아드인 3은, 1+2＝3이 되어 자기보다 작은 수를 모두 더한 것과 같은 유일한 수이다. 또한 자기보다 작은 모든 수들과 합한 값이 자기보다 작은 모든 수들과 곱한 값과 같은 유일한 수이기도 하다. 즉, 1+2+3＝1×2×3이다. 그래서 트리아드의 속성은 완전성으로 표현되고, 전체이고 완벽한 모든 것의 원리이며, 시작과 중간과 끝을 갖는 모든 일을 가능하게 한다.

특히 고대 그리스의 수학자인 피타고라스는 삼각형을 우주적 의미에서 '생성의 시작'이라고 해석했다. 왜냐하면 삼각형에서 비로소 다른 다각형들이 생겨나기 때문이다. 그래서 피타고라스는 삼각형 모양의 수를 신성하게 여겨 다음 그림과 같은 삼각수라는 도형수를 고안해 냈다.

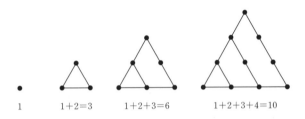

위의 그림에서 알 수 있듯이 1, 3, 6, 10 등을 삼각수라고 한다. n번째 삼각수를 T_n으로 나타내는데 이것은 1부터 n까지의 자연수의 합이다. 즉,

$$T_n = 1 + 2 + 3 + \cdots\cdots + n$$

한편, 네 번째 그림의 정삼각형은 위에서부터 점이 1, 2, 3, 4개 있으며 이를 모두 합하면 10이다. 피타고라스는 10을 신성하게 여겼는데, 1은 점, 2는 선, 3은 면, 4는 입체로 나타나며 이들의 합으로서 이 아름다운 정삼각형 모양의 수 10이 우주를 표현하고 있다고 생각했다. 그래서 그는 특히 네 번째 그림을 테트락티스(tetractys)라고 부르며 피타고라스 학파의 상징으로 삼기도 했다.

수 1, 2, 3에 배어 있는
우리 민족의 철학과 정서

우리 조상들은 수 1, 2, 3에 대한
생각이 고대 그리스인들과 크게

다르지 않아 1과 2를 부모수로 생각했다. 수 1은 하나의 수량을 나타내
는 동시에 우주 만물과 태극을 나타낸다. 음양의 이치에서 보면 최초의
수 1은 아무 수와도 섞이지 않은 순양(純陽)의 수이고, 1로부터 모든 사
물이 생겨나게 된다는 뜻이 담겨 있다. 수 2는 하나가 아닌 최초의 단위
이자 최초의 음수(짝수)이며 순음(純陰)의 수이다. 2는 음과 양, 하늘과
땅, 남과 여 등과 같이 둘이 짝하여 하나가 된다는 대립과 화합의 의미
를 담고 있다. 수 3은 양수의 시작인 순양 1과 음수의 시작인 순음 2가
최초로 결합하여 생겨난 수이므로 음양의 조화가 비로소 완벽하게 이
루어진 수이다. 그래서 3은 음양의 대립에 하나를 더 보탬으로써 완성,
안정, 조화, 변화를 상징한다. 즉, 최초의 수 1의 신성함을 파괴하지 않
고 짝수인 2처럼 둘로 갈라지지 않으면서도 변화하여 완성된다는 의미
를 담고 있다. 따라서 수 3은 세 개로 나누어져 있지만 전체로서는 '완
성된 하나'를 상징한다.

우리 조상들에게 3은 '모든'이라는 말을 붙일 수 있는 최초의 수였으
며, 처음과 중간과 끝을 모두 포함하기 때문에 전체를 나타내는 수였다.
3의 힘은 보편적이며 하늘, 땅, 바다로 이루어지는 세계의 3중성을 나
타낸다. 3은 인간의 육체·혼·영, 탄생·삶·죽음, 처음·중간·끝, 과
거·현재·미래, 달의 세 가지 상(초승달·반달·보름달) 등을 나타낸다. 또한
3의 기본은 천지인이며, 어제(과거)·오늘(현재)·내일(미래)이다. 그래서
작심삼일에서 3일은 날짜 전체를 견주어 말하고 있음을 알 수 있다. 이

는 3일은 숫자상의 단순한 3이 아닌 '온 세상의 시간'과 모든 만물을 함축한 수였다.

앞에서 살펴보았듯이 우리나라의 시조신은 환인, 환웅, 단군의 삼위일체적 존재로 그 신성함을 더하게 된다. 이들 삼신이 셋이면서 하나로 일체를 이룬다는 삼일신적 인식은 '3은 곧 완성된 하나'라는 것을 의미한다. 이처럼 우리 민족에게 있어 3은 완성과 안정을 상징하는 가장 신성하고 이상적인 수이며, 동시에 순음과 순양이 합해서 변화를 지향하는 발전적인 수임을 알 수 있다.

민속학적인 측면에서 보면 3은 대표적인 양수이기 때문에 아들을 뜻하는 길수로 많이 쓰인다. 아들을 선호한 전통사회에서는 이미 딸을 잉태하였다 하더라도 주술적인 수법으로 사내아이로 바꿀 수 있으리라 생각하였다. 딸을 아들로 바꾸려면 수탉의 긴 꼬리털을 3개 뽑아 임신부의 요 밑에 몰래 넣어 두거나, 남자를 상징하는 활줄을 임신부의 허리에 둘렀다가 3달 만에 풀면 된다고 생각하였다. 주술적 수법에 나오는 꼬리털 3개, 3달이란 것 등이 아들을 상징하는 3의 길수를 주술적으로 이용한 것이다. 이는 홀수는 남성이고 짝수는 여성이라는 음양사상에 기초를 두고 있다. 즉 1은 아버지, 2는 어머니를 뜻하고, 1과 2가 결합하여 생긴 3은 홀수이므로 아들이라 생각한 것이다.

그 외에도 3은 일상생활에서 격언, 속담, 관용어, 의례어 등으로 가장 많이 사용되는 수이기도 하다. 예를 들어 '수염이 석 자라도 먹어야 양반이다.', '세 살 버릇 여든까지 간다.', '중매는 잘하면 술이 석 잔이고 못하면 뺨이 세 대', '삼세번', '내 코가 석 자', '3년상', '만세 삼창' 등이 있다.

한편, 우리 조상들은 음양사상에서 양을 의미하는 홀수가 두 번 겹친 것을 길수로 여겼다. 그래서 음력으로 1월 1일 설날, 3월 3일 삼짇날, 5월 5일 단오, 7월 7일 칠석, 9월 9일 중양절 등은 매우 뜻깊은 날이었다.

지금까지 살펴본 수 3이 지닌 의미와 상징성을 생각한다면, 막연히 좋은 수로만 생각하여 왔던 3에는 우리 민족의 철학과 사상, 정서와 기원이 깊숙이 배어 있음을 알 수 있다. 긴 역사를 통하여 우리 민족은 3을 다른 어떤 수보다도 더 친숙하고 상서롭게 여기는 DNA를 갖게 된 것 같다.

고인돌은 청동기 시대의 무덤 :
바퀴의 역설

청동기 시대 한반도에 살았던 사람들은 고인돌을 만들었다. 거대한 고인돌은 당시 지배층의 권력과 경제력의 상징이었다. 고인돌을 만들려면 큰 돌을 옮겨야 했는데, 이때 사용한 굴림대가 오늘날 우리가 사용하는 바퀴의 기원이라고 할 수 있다. 수학에는 바퀴와 관련된 유명한 '아리스토텔레스의 바퀴 역설'이 있다.

청동기 시대 무덤 고인돌은
어떻게 만들었을까

우리나라에는 유네스코 세계 유산
으로 지정된 유물과 유적이 많다.
고창·화순·강화 고인돌 유적도 세계 유산에 등록되었다. 남북한을 합
쳐 우리나라에는 고인돌이 약 3만 기 있는데, 이는 전 세계 고인돌 수의
40% 정도라고 한다. 고인돌의 형태는 시기와 지역에 따라 다양하다. 우
리가 흔히 생각하는 탁자 모양의 고인돌은 주로 한반도 북쪽 지역에서
볼 수 있고, 남쪽 지역에서는 큰 돌만 덩그러니 놓였거나 거대한 돌을
자그마한 받침돌로 괴어 놓은 형태가 대부분이다.

작은 고인돌도 있지만 거대한 고인돌을 만들려면 100톤에 가까운 덮
개돌(상석)을 날라야 한다. 지금 같으면 크레인을 동원하여 어렵지 않게

강화 부근리 고인돌
강화도 하점면 부근리에는 고인돌 16기가 있는데, 북방식과 남방식 등이 고루 분포해 있다. 이 고인돌은
탁자 모양의 고인돌로 북방식이다. 북방식은 한반도 북쪽 지방에서 주로 볼 수 있다.

35

옮길 수 있지만 당시에는 이렇게 거대한 돌을 옮기려면 수백 명에서 수천 명까지 동원해야 했다. 고인돌은 당시 지배층의 정치권력과 경제력을 반영했음을 알 수 있다. 즉, 강력한 지배 계층이 생겨났음을 짐작할 수 있다. 거대한 고인돌에 묻힐 정도의 힘을 가진 지배자는 선민의식을 내세우며 내부를 통합하고, 주변의 약한 부족을 정복했다. 청동이나 철로 된 금속제 무기를 사용하며 정복 활동을 더욱 활발하게 벌였다.

그런데 고인돌이 한 지역에 수백 기가 있기도 하다. 만일 고인돌이 지배자의 무덤이었다면 지배자가 이렇게 많았던 것일까? 사실 고인돌은 청동기 시대의 일반적인 무덤 형태라고 한다. 물론 많은 인원이 동원되어야 하는 거대한 고인돌은 부족장의 것이 분명하다. 거대한 고인돌에서는 비파형 동검, 청동 거울, 방패와 같은 여러 가지 부장품이 출토되어 이를 입증하고 있다. 반면에 부장품이 없는 작은 고인돌은 평민의 무덤으로, 적은 인원으로도 만

고인돌을 세우는 과정

들 수 있기 때문에 고인돌은 당시의 일반적인 매장 방식이었을 것으로 추정한다.

고인돌을 만들려면 지붕 역할을 하는 거대한 덮개돌과 받침돌(지석)을 만들어야 한다. 덮개돌과 받침돌로 사용할 거대한 돌은 구하기 힘들어 바위가 많은 지역에서 고인돌을 세울 위치까지 가져와야 한다. 덮개돌과 받침돌의 무게를 감안할 때, 무덤을 만들 장소까지 옮기는 데는 수십 명 또는 수백 명이 동원되었을 것으로 추정할 수 있다.

커다란 돌을 채취하여 무덤을 만들 장소까지 운반하기 위해 굴림대를 사용했을 것이다. 굴림대는 바위 같은 무거운 짐을 옮길 때 그 밑에 넣고 굴리는 통나무이다. 왼쪽 그림과 같이 돌을 움직여 빠져나온 통나무는 계속해서 앞으로 옮겨 돌을 옮기게 한다. 이런 과정을 거쳐 무덤 장소까지 받침돌을 운반한다. 무덤 장소에는 받침돌을 세울 구덩이를 미리 파 두고, 굴림대를 이용해 운반한 받침돌을 그림과 같이 구덩이에 세운다.

받침돌 두 개를 모두 세우면 받침돌 사이와 주변을 흙으로 덮는다. 이때 상석이 올라올 때 무너지지 않도록 매우 단단하게 덮어야 한다. 받침돌을 흙으로 완전히 덮으면 다시 굴림대를 이용하여 상석을 끌어 올린다. 마지막으로 덮었던 주변 흙을 모두 걷어 내면 고인돌이 완성된다.

굴림대부터 공기압 충전식 타이어까지 개량되어 온 바퀴

고인돌을 만들 때 사용한 굴림대가 오늘날 우리가 사용하는 바퀴

37

의 기원이라고 할 수 있다. 사실 바퀴의 기원에 대해서는 여러 설이 있는데, 그중에서 가장 설득력 있는 것은 무거운 굴림대를 매번 앞으로 옮겨가며 짐을 운반해야 하는 불편함을 해결하고자 고안되었다는 것이다. 그래서 막대 같은 굴대(차축)의 양쪽 끝에 원판을 붙이는 착상을 하여 바퀴를 만들게 된 것으로 여겨진다.

바퀴는 지금부터 약 6000년 전에 고대 메소포타미아 사람들이 처음 발명했다고 전해진다. 처음 고안된 바퀴는 굴림대였던 통나무를 잘라내어 가운데에 구멍을 뚫어 회전축을 끼우는 식으로 단순했다. 그러다 점차 3조각의 판자를 금속 띠로 연결시켜 사용했다고 한다. 그 후 바빌로니아와 아시리아 사람들은 바퀴를 이용하여 짐마차나 전쟁용 전차를 만들었으며, 기원전 2000년경에 판으로 된 바퀴를 개량하여 오늘날과 같이 가벼운 살을 가진 바퀴(spoked wheel)가 등장했다고 한다. 살이 있는 바퀴는 이집트와 유럽에도 퍼졌다. 중국에서도 기원전 1300년경에 살이 있는 바퀴가 달린 전차에 대한 기록이 있는 것으로 보아 바퀴는 훨씬 전부터 사용된 것으로 보인다.

초기의 바퀴는 축에 붙어 있어서 바퀴가 돌 때 축도 같이 돌았다. 기

바퀴의 진화 과정을 그린 그림
바퀴는 돌을 깎아 만든 바퀴, 나무 원판으로 만든 바퀴, 바큇살이 있는 나무 바퀴, 바큇살을 강철이나 합금으로 만들고 공기를 채운 고무 타이어로 진화했다.

전차를 타고 사자 사냥을 하는 아시리아 왕

원전 100년경이 돼서야 축은 돌지 않고 바퀴만 돌아가게 만들 수 있었다. 그 뒤 바퀴는 점점 진화하여 다양한 형태가 등장했다. 1888년에 영국의 존 던롭이 자전거를 편하게 탈 수 있도록 공기를 채운 고무 타이어를 개발했다. 던롭은 수의사였으나, 자기 아들의 세발자전거를 고치다가 공기압 충전식 타이어를 개발한 것이다.

　얼핏 바퀴는 아주 오래전부터 모든 인류가 사용했으리라 생각할 수 있지만 바퀴의 발명과 사용은 제한된 지역과 문명에서 이루어졌다. 예를 들어 아메리카 원주민과 잉카인은 유럽인이 전해 주기 전까지 바퀴의 존재를 알지 못했다. 잉카인은 바퀴 달린 장난감을 흙으로 빚었지만 실제로 마차를 이용하지는 않았다. 바퀴 달린 마차는 그 마차를 끌 수 있는 소나 말 같은 동물이 없으면 쓸모가 없기 때문이다. 실제로 유럽인이 말과 황소를 가져오기 전까지 아메리카 대륙에는 말과 황소가 없었다고 한다. 그리고 잉카 문명은 고지대에 있었기 때문에 바퀴 달린 마차보다 라마의 등에 짐을 실어 나르는 것이 더 편했다. 하지만 바퀴를 사용하지 않았어도 이들은 나름대로 훌륭한 문명을 창조했다.

또 이집트의 사막 지대에서도 바퀴는 낙타보다 불편한 것이었다. 이누이트가 사는 북극 지방에서는 바퀴보다는 썰매가 더 효율적이었으며, 아마존과 같은 늪지대에서는 바퀴 달린 수레보다는 배 같은 탈것이 더 효율적이었다. 결국 바퀴를 발명했다고 해서 더 뛰어난 문명은 아니며, 인류 문명의 발전에 결정적인 역할을 했다고도 단정할 수 없다.

우리나라에서도 아주 오래전부터 바퀴가 사용되었음을 말해 주는 유물이 발굴되었는데, 가야 시대 유물인 수레바퀴 모양 토기가 유명하다. 가야인에게 바퀴는 영혼이 하늘로 올라갈 때 타는 수레에 달린 물건을 의미했다고 한다.

바퀴는 단순히 짐이나 사람들의 이동을 위한 마차에만 이용된 것은 아니다. 고대인들은 바퀴의 크기를 작게 만들어 실을 잣는데 사용하기도 했다. 신석기 시대 유적에서 바늘에 실이 감긴 채 출토된 예가 있어 신석기 시대부터 실을 잣는 데 가락바퀴를 사용했다는 것을 추측할 수 있다. 가락바퀴는 짧은 실에 꼬임을 주면서 이어 붙여 긴 실로 만들거나, 긴 실 자체에 꼬임을 주어 실을 만드는데 사용된다.

그런데 왜 동물의 몸에는 이처럼 편리한 바퀴가 없는 것일까? 동물은 이동을 효율적으로 하기 위해 진화를 거듭하면서 온갖 종류의 뛰어

수레바퀴모양 토기
굽다리 위에 2개의 컵
모양 그릇을 올리고 양
옆에 수레바퀴 2개를
붙여 놓았다. 수레바퀴
는 고정되어 있고, 축을
중심으로 4개의 바큇살
이 있다. 국립중앙박물
관

난 방법을 찾아냈다. 새는 날기 위하여 날개를 진화했고, 오징어는 물속
에서 재빠르게 움직이기 위하여 물을 분사한다. 또 방아깨비나 벼룩은
스프링처럼 펄쩍펄쩍 뛰어서 이동할 수 있도록 튼튼한 뒷다리를 가
졌다. 하지만 지구상에 존재하는 어떤 생물도 이동 수단으로 신체 일부
를 바퀴로 진화하지는 못했다. 왜냐하면 바퀴가 자유롭게 돌려면 몸통
에서 분리되어야 하기 때문이다. 신체의 혈관과 신경으로부터 혈액과
자극을 공급받으면서 자유롭게 회전할 수 있는 다리를 만들어 낼 방법
이 없다. 그런데 바퀴와 가장 비슷하게 진화한 박테리아가 있다고 한다.
E형 대장균 박테리아는 빙글빙글 돌면서 움직이는데, 작은 꼬리처럼
생긴 실 모양의 편모가 1분에 6000번씩 돌면서 박테리아가 움직인다고
한다.

고대 그리스 철학자
아리스토텔레스의 바퀴 역설

수학에는 바퀴와 관련된 유명한 '아리스토텔레스의 바퀴 역설'이 있다. 아리스토텔레스의 바퀴 역설은 고대 그리스 책인 《역학Mechanica》에 수록되어 있다. 누가 이 책을 썼는지 정확하지 않지만, 아리스토텔레스나 아리스토텔레스의 제자인 람사쿠스의 스트라톤이 썼다는 주장도 있다.

위의 그림과 같이 중심이 O로 같은 두 동심원에 대해 더 큰 원의 각 점과 더 작은 원의 각 점은 모두 일대일로 대응한다. 즉, 큰 원의 각 점에 작은 원의 각 점이 정확히 대응하고 그 역도 마찬가지이다. 따라서 이 겹쳐진 바퀴들은 작은 바퀴를 받치고 있는 막대 위를 구르든 큰 바퀴를 받치고 있는 막대 위를 구르든 상관없이 수평으로 동일한 거리를 이동한다. 결국 작은 바퀴와 큰 바퀴의 반지름이 다르기 때문에 두 원의 둘레가 다름에도 불구하고 선분 AC의 길이와 선분 BD의 길이가 같다.

바퀴의 역설이 진짜인지 어떤지 알아보기 위해 원모양의 바퀴 대신에 정팔각형 모양의 바퀴로 바꿔서 굴려 보자. 오른쪽 그림에서 큰 정팔각형과 작은 정팔각형의 한 변의 길이를 각각 1과 0.5라 하자. 위의 두 동심원처럼 두 정팔각형 바퀴를 동시에 한 바퀴를 굴리면, 큰 정팔각형의 꼭짓점 A는 점 A′에 도착하고 움직인 거리는 정팔각형의 둘레인

8(=1×8)이다. 작은 정팔각형의 둘레는 4(=0.5×8)이므로, 이동한 거리도 4이다. 하지만 두 점 B와 B′의 사이의 거리는 8이다. 사실 큰 정팔각형은 구를 때 모든 변이 바닥에 닿으며 지나가지만 바닥에 닿을 수 없는 작은 정팔각형은 큰 정팔각형이 구를 동안 자기 자리를 잡기 위해 자신의 위치를 건너뛰고 있다.

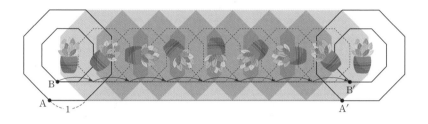

다시 말해 화살표로 표시한 것처럼 '건너뛰는 부분'이 생기는데, 정팔각형이므로 건너뛰는 부분이 8번 생긴다. 이것으로 정n각형은 건너뛰는 부분이 n번 생김을 알 수 있다. 정다각형의 변의 수를 무한히 늘려 원에 가까운 도형이 되면 무한개의 건너뛰는 구간이 생기는 것이다. 결국 바퀴 속 작은 원은 무한히 건너뛰기를 하고 있음을 알 수 있다.

고인돌을 세우기 위하여 굴림대를 고안했고, 이를 발전시켜 바퀴를 발명한 인류는 원에 대한 수학적 의미에 눈을 뜨기 시작했다. 원을 작도하는 방법으로부터 기하학이 발전했고, 원을 대수적으로 이용하며 수체계가 완성되었다. 이런 의미에서 원은 수학의 시작이라고 할 수 있다.

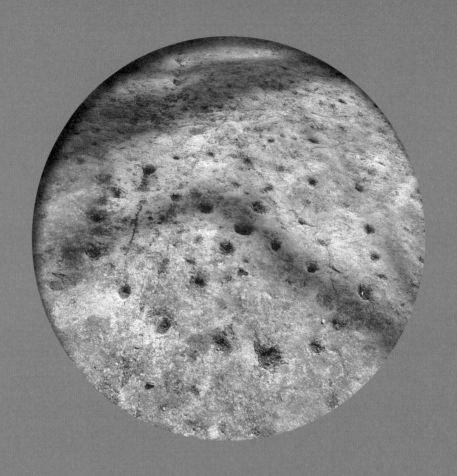

기원이 아주 오랜 윷놀이 :
경우의 수와 확률

윷놀이는 설날에 즐겨 하는 놀이이다. 윷놀이는 윷가락을 던져서 나온 표시만큼을 윷판 위에 있는 말을 움직여 마지막 지점을 먼저 통과시키면 이긴다. 윷의 셈은 윷가락 4개 중에서 앞면이 위로 향한 윷가락 개수에 따라서 다르다. 경우의 수를 이용하면 윷놀이에서 도, 개, 걸, 윷, 모가 나오는 확률을 구할 수 있다.

우리의 명절 중에서 설날인 음력 1월 1일은 새해가 시작되는 첫날이다. 설날에 모인 가족이 가장 많이 하는 전통 놀이는 아마 윷놀이일 것이다. 윷놀이는 아주 오래전부터 우리 민족에게 인기 있는 놀이였다. 음력으로 1월 15일인 정월 대보름에 여러 사람이 편을 갈라 윷놀이를 하는 '척사 대회'를 여는 마을도 많다.

윷놀이는 새해를 맞이하며 풍년을 기원한 놀이로서 주로 새해 전후부터 정월 대보름까지 즐겼다. 옛 기록에는 정월 대보름이 지나서 윷놀이를 하면 벼가 죽는다는 속담이 있어 대보름이 지나서는 윷을 거두어 감춘다고 적혀 있다. 정월 대보름 이후 윷놀이를 금하고자 했던 것은 대보름 이후는 농사를 준비해야 하기 때문이었을 것이다.

윷놀이가 시작된 시기에 대해서는 고려, 삼국 시대, 더 거슬러 올라가 고조선, 부여 설까지 다양하다. 한편 바위에 윷판 형태를 새긴 암각화가 전국 수백여 곳에서 발견되었는데, 그중에는 청동기 시대 것도 있다. 암각화에 새겨진 윷판은 놀이에 쓰였다기보다는 제사나 점치는 용도로 쓰였을 것으로 추측된다.

지금과 같은 윷놀이가 정확히 언제부터 시작되었는지는 알 수 없으나 윷을 셈할 때 일컫는 도, 개, 걸, 윷, 모가 부여의 사출도를 다스리는 관직 이름인 저가, 구가, 우가, 마가에서 비롯되었다는 설이 있다. 즉, 저가(猪加)가 돼지를 뜻하는 도에, 구가(狗加)가 개를 뜻하는 개에, 우가(牛加)가 소를 뜻하는 윷에, 마가(馬加)가 말을 뜻하는 모에 반영되었다는 주장이다.

부여는 위만 조선 시기에 고조선 동북부에 자리하고 있던 나라이다. 부여에 대한 최초의 기록은 기원전 1세기에 중국 역사가 사마천이 쓴 《사기》〈화식열전〉에 실린 것으로, '연(燕 중국 전국 시대 칠웅의 하나로, 허베이 북부 일대에 있었다.)은 북으로 오환, 부여와 인접했다.'라는 내용이다. '사실' 보다 '기록'이 더 후대에 이루어짐을 감안할 때 그 이전에 이미 부여가 있었음을 미루어 짐작할 수 있다.

부여는 예맥족의 나라로, 북부여라고도 한다. 중심 지역은 송화강(헤이룽강, 아무르강 지류) 연안의 드넓은 동북 평원 일대였다. 부여는 평야가 넓은 지역으로 농업과 더불어 목축업이 매우 발달했다. 관직 이름을 마가, 우가, 저가, 구가 등으로 칭한 것으로 보아 말, 소, 돼지, 개 등 가축을 많이 기른 것 같다.

서기 494년까지 존속한 부여는 한반도 안에 영토를 가진 적이 거의 없었으나 우리 역사에 미치는 영향은 크다. 삼국 시대 고구려와 백제가 부여를 뿌리로 하고 있다. 고구려 시조 주몽의 시호 동명성왕은 부여의 시조인 동명왕에서 따왔고, 건국 설화 또한 부여의 것을 차용했을 정도이다. 백제 또한 왕실의 성이 부여씨였고, 국호를 아예 남부여로 바꾼 적도 있을 만큼 부여를 중요시하였다.

경우의 수와 확률을 따지는 윷놀이

윷놀이는 우리 고유의 놀이 문화이다. 중국, 일본 등 동아시아 어디에서도 윷놀이의 윷판 모양 같은 것이 없을 정도로 매우 독특하다. 옛

고구려 건국 설화와 닮아도 많이 닮은 부여 건국 설화

북쪽 오랑캐 나라 탁리국 임금을 모시던 무수리가 임신했다. 임금이 무수리를 죽이려고 하니 무수리가 사뢰되 "크기가 달걀만한 기운이 하늘에서 내려오더니 쇤네가 아이를 뱄습니다."라고 하였다. 나중에 아이를 낳았다. 돼지우리 안에 아이를 버리니 돼지들이 입김을 불어 아이가 죽지 않게 했다. 다시 마구간으로 옮겨 말이 아이를 죽이게 했다. 말도 입김을 불어 아이가 죽지 않게 했다. 임금이 하늘의 아들이 아닐까 생각하고 그 어미에게 명하여 거두어 노비처럼 키우게 했다. 동명이라 이름 짓고 소와 말을 돌보게 했다. 동명은 활을 잘 쐈다. 임금은 나라를 빼앗길까 두려워 동명을 죽이려고 하니 동명이 달아났다. 남쪽 엄수에 이르러 활로 물을 치니 물고기와 자라가 떠올라 다리를 만들었다. 동명이 건너자 물고기와 자라가 흩어졌다. 추격병들은 건너지 못했다. 그리하여 부여에 수도를 정하고 임금이 되었다. 이것이 북쪽 오랑캐 땅에 부여 나라가 생긴 연유이다.

문헌에 간혹 윷놀이를 '저포(樗蒲)'라고 기록했는데, 이는 윷이 순수 우리말이어서 대체할 한자가 없어 비슷하다고 여겨진 저포로 기록한 것으로 보인다.

윷놀이를 일컫는 명칭은 저포 외에도 많았는데, 지금껏 쓰이는 '척사'는 던질 척(擲), 윷 사(柶)이다. '사(柶)'는 윷을 나타내는 한자어가 없어 의미가 통하도록 개발한 우리만의 한자인데, 나무 네 가락을 나타낸다. '사(柶)'라는 한자처럼 윷가락은 단면이 반달 모양인 네 개의 나무 가락을 주로 썼다. 나무 가락 대신 밤, 콩, 팥 등을 쓰기도 했다. 윷의 둥근 면을 등(또는 뒤)이라 부르고, 평평한 면을 배(또는 앞)라 하고, 등이 나온 결과를 '엎어졌다.', 배가 나온 결과를 '까졌다.'라고 한다.

윷놀이는 두 명 이상의 참가자가 윷가락을 던져서 나온 표시만큼을 윷판 위에 있는 말(윷판 위를 돌아다니는 표식자)을 움직여 마지막 지점을 먼

47

저 통과시키면 이기는 놀이이다.

윷판은 윷을 던져 나온 결과를 이용해서 말을 놓는 판이다. 윷판은 말이 머물 수 있는 정점과 정점을 잇는 선으로 구성되어 있는데, 선은 말이 갈 수 있는 길을 표시하는 것이다.

고대 암각화 및 옛 문헌에 등장하는 윷판은 모두 둥그런 모양인데, 이는 '하늘은 둥글고 땅은 네모나다.'는 천원지방(天圓地方) 사상이 고대인들에게 있었기 때문일 것이다.

윷판에는 정점이 모두 29개 있다. 윷판의 한가운데 있는 정점을 대개 북극성이라고 하며, 나머지 28개의 정점은 동양의 주된 별자리인 28수 또는 북극성을 중심으로 돌아가는 북두칠성이 사계절에 따른 일곱 개의 별의 위치 변화를 의미한다고도 한다. 그리고 둥글었던 윷판이 지금과 같은 정사각형 모양이 된 것은 후대로 전해지며 변형된 것으로 추측된다.

윷판과 윷가락
네 개의 윷가락을 동시에 던져 나온 수에 따라 말을 움직여 상대편보다 먼저 윷판을 돌아오는 편이 이긴다.

윷가락 4개를 던졌을 때
도나 윷이 나올 확률

윷의 셈은 윷가락 4개 중에서 앞면
이 위로 향한 윷가락의 개수에 따

라서 다섯 가지 혹은 여섯 가지로, 다음의 표와 같이 나뉜다.

이름	상태	설명
도		앞이 하나인 경우 말을 한 칸 전진시킨다. 왼쪽 그림에서 윷면이 등(뒷)면, 그렇지 않은 면이 배(앞)면을 표시하고 있다.
개		앞이 둘인 경우 말을 두 칸 전진시킨다.
걸		앞이 셋인 경우 말을 세 칸 전진시킨다.
윷		앞이 넷인 경우 말을 네 칸 전진시키며, 윷을 다시 한 번 던질 수 있다.
모		모두 뒷면인 경우 말을 다섯 칸 전진시키며, 윷을 다시 한 번 던질 수 있다.
뒷도 또는 백도(빽도) 또는 후도		앞이 하나이나 '뒤'가 표시되어 있는 경우 말을 한 칸 후퇴(뒤로 보냄)시킨다. 왼쪽 그림에서 점이 찍힌 앞면이 뒷도가 표시된 윷가락을 나타내는 예이다.(그러나 꼭 '점'을 뒷도로 사용할 필요는 없다.)
낙		윷가락 중 하나 이상이 멍석을 나갈 경우 그대로 차례가 넘어간다.

윷놀이에서 도, 개, 걸, 윷, 모가 나올 확률이 얼마나 되는지 알아보자.
윷가락의 모양에 따라 나오는 경우의 수를 구하기 위하여 먼저 조합
(combination)에 대하여 간단히 알아보자. 예를 들어 5개의 문자 $a, b, c, d,$
e에서 서로 다른 2개를 선택하는 경우를 알아보자. 한번 선택한 문자는
다시 선택할 수 없으므로 다음과 같다.

$$ab \quad ac \quad ad \quad ae$$
$$bc \quad bd \quad be$$
$$cd \quad ce$$
$$de$$

따라서 5개의 문자 a, b, c, d, e에서 서로 다른 문자 2개를 선택하는 경우의 수는 10이다. 일반적으로 서로 다른 n개에서 서로 다른 r개를 뽑는 것을 조합이라 하며, 이 조합의 수를 $\binom{n}{r}$ 또는 $_nC_r$로 나타낸다. 이를테면 5개의 문자에서 서로 다른 2개의 문자를 뽑는 경우의 수는 $_5C_2 = 10$이다.

일반적으로 n과 r을 기호에서 $n \geq r$인 자연수라고 할 때, 서로 다른 n개에서 서로 다른 r개를 선택하는 조합의 수 $_nC_r$는 다음과 같이 구한다.

$$_nC_r = \frac{n!}{(n-r)!r!} = \frac{n(n-1)\cdots(n-r+1)}{r!}$$

여기서 $n!$은 n의 계승으로 1부터 n까지의 자연수를 모두 곱한 값이다. 즉, 다음과 같다.

$$n! = n \times (n-1) \times (n-2) \times \cdots \times 3 \times 2 \times 1$$

예를 들어 다음이 성립한다.

$$_5C_2 = \frac{5!}{(5-2)!2!} = \frac{5!}{3!2!} = \frac{5 \times 4 \times 3 \times 2 \times 1}{(3 \times 2 \times 1) \times (2 \times 1)} = 10$$

이제 네 개의 윷가락을 던졌을 때, 단순하게 앞과 뒤가 나오는 경우의 수를 조합을 이용하여 구해 보자.

한 개의 윷가락은 엎어지거나 까지거나 하는 2가지 경우가 있으므로 네 개의 윷가락 각각이 엎어지거나 까지거나 하는 경우의 수는 모두 $2 \times 2 \times 2 \times 2 = 2^4 = 16$가지이다. 도는 네 개 중에서 한 개의 윷가락이 까지는 경우이므로 4개 중에서 1개를 선택하는 $_4C_1 = 4$이다. 개는 4개 중에서 2개가 까지는 경우이므로 4개 중에서 2개를 선택하는 $_4C_2 = 6$이다. 걸은 4개 중에서 3개가 까지는 경우이므로 4개 중에서 3개를 선택하는 $_4C_3 = 4$이다. 윷과 모는 4개 중에서 4개가 모두 까지거나 모두 엎어지는 경우이므로 각각 1가지뿐이다. 즉, $_4C_4 = 1$, $_4C_0 = 1$이다. 따라서 나올 수 있는 경우의 수만을 따져서 각각의 확률을 구하면 도는 $\frac{4}{16} = \frac{1}{4}$, 개는 $\frac{6}{16} = \frac{3}{8}$, 걸은 $\frac{4}{16} = \frac{1}{4}$, 윷과 모는 각각 $\frac{1}{16}$이다.

그러나 윷가락이 엎어지는 경우와 까지는 경우의 확률이 같지 않기 때문에 각각이 나올 확률은 이와 일치하지 않는다. 도, 개, 걸, 윷, 모가 나오는 확률을 좀 더 정확하게 구해 보자.

윷가락은 원기둥을 반으로 잘라 놓은 모양을 하고 있으므로 편의상 그림과 같이 원기둥의 반지름의 길이는 1, 높이는 a라고 하자. 그러면 윷가락 하나의 겉넓이에서 배의 넓이는 가로의 길이가 2이고 세로의 길이가 a인 직사각형의 넓이와 같으므로 $2a$이다. 한편 윷가락의 등 넓이는 반으로 잘린

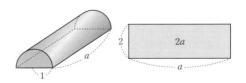

원기둥의 둥근 면의 넓이이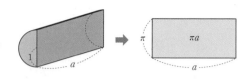
므로 둥근 면을 펴서 직사각
형으로 만든 후, 직사각형의
넓이를 구하면 된다. 이 경우 직사각형의 세로의 길이는 반지름의 길이
가 1인 반원의 둘레의 길이와 같으므로 세로의 길이는 π이다. 따라서
둥근 면의 넓이는 세로의 길이가 π이고 가로의 길이가 a인 직사각형의
넓이 πa와 같다. 계산의 편의를 위하여 원주율을 간단히 $\pi=3$이라고
하면 둥근 면의 넓이는 $3a$이고, 윷가락 하나의 전체 겉넓이는
$2a+3a=5a$이다. 그리고 윷을 던졌을 때 윷가락의 평면이 위로 향하
게 나오는 경우는 윷가락의 곡면이 바닥에 붙을 경우이고, 곡면이 나오
는 경우는 평면이 바닥에 붙을 경우이다. 따라서 윷가락의 배가 위로 향
하는 경우의 확률은 전체 넓이 중에서 윷가락의 등이 바닥에 놓일 경우
이므로 $\dfrac{3}{5}=0.6$이고, 윷가락의 등이 위로 향하는 경우는 전체 넓이 중
에서 윷가락의 배가 바닥에 놓일 경우이므로 $\dfrac{2}{5}=0.4$이다. 이것과 각각
의 경우가 나오는 경우의 수를 이용하면 윷놀이에서 도, 개, 걸, 윷, 모
가 나오는 확률을 구할 수 있다.

도는 윷가락 한 개의 배가 위로 향하고 나머지 세 개는 등이 위로 향
하는 경우로 모두 4가지이다. 따라서 도가 나올 확률은 다음과 같다.

도가 나올 확률 : $(0.4 \times 0.4 \times 0.4 \times 0.6) \times 4 = 0.1536$

개는 네 개의 윷가락의 배와 등이 각각 두 개씩 나오는 경우로 모두
6가지이다. 따라서 개가 나올 확률은 다음과 같다.

개가 나올 확률 : $(0.4 \times 0.4 \times 0.6 \times 0.6) \times 6 = 0.3456$

걸은 한 개의 윷가락의 등이 위로 향하고 나머지 세 개는 배가 위로 향하는 경우로 모두 4가지이다. 따라서 걸이 나올 확률은 다음과 같다.

걸이 나올 확률 : $(0.4 \times 0.6 \times 0.6 \times 0.6) \times 4 = 0.3456$

윷은 모든 윷가락의 등이 바닥에 붙는 경우 한 가지이고, 모는 이와 반대로 배가 바닥에 모두 붙는 경우 한 가지이므로 확률은 각각 다음과 같다.

윷이 나올 확률 : $(0.6 \times 0.6 \times 0.6 \times 0.6) \times 1 = 0.1296$
모가 나올 확률 : $(0.4 \times 0.4 \times 0.4 \times 0.4) \times 1 = 0.0256$

실제로 윷놀이를 하다 보면 도, 개, 걸, 윷, 모가 앞에서 구한 확률과 거의 비슷하게 나온다는 것을 알 수 있다. 특히 윷놀이에서 돼지를 복돼지라고 하는 이유는 돼지가 나올 확률이 윷이 나올 확률과 비슷하기 때문이다.

백제 개로왕의 바둑 사랑 :
인간과 인공 지능의 대결

백제 개로왕은 고구려 첩자 도림과 바둑을 두면서 나라를 위험에 빠뜨리고 자신도 죽임을 당했다.
바둑은 정사각형 모양의 바둑판 위에서 선택할 수 있는 가짓수가 너무 많다. 그래서 인공 지능도
인류를 이길 수 없을 것이라고 했다. 하지만 인공 지능은 딥 러닝과 몬테카를로 트리 탐색 기술로
인류를 이기는 확률을 높였다.

백제 개로왕을 부추긴
고구려 첩자, 도림

고조선 이후 우리나라에서는 고구려, 백제, 신라 삼국이 고대 국가로 성장하기 시작했다. 부여와 가야도 5, 6세기까지 있었지만, 이들 나라는 고대 국가로 성장하지 못하고 삼국에 흡수되었다.

삼국 중에 고구려가 가장 먼저 성장했고, 백제는 4세기 후반 근초고왕 때 전성기를 이루었다. 근초고왕은 주변 나라를 정복하고 고구려의 평양성을 공격했는데, 이를 막던 고구려의 고국원왕이 백제군이 쏜 화살에 맞아 목숨을 잃었다. 이후 고구려는 호시탐탐 백제를 노렸는데, 마침내 장수왕 때 복수의 기회가 왔다. 고구려 최대 전성기를 이룬 장수왕은 백제를 공격해 수도 한성을 함락하고 개로왕을 죽였다. 그런데 개로왕의 죽음에는 바둑에 관련된 전설 같은 이야기가 전해진다.

고구려 장수왕은 백제를 침공하기 전에 백제의 사정을 살필 첩자를 구했는데, 승려 도림은 개로왕이 바둑을 좋아한다는 소문을 듣고 첩자가 되기를 자청했다. 백제로 들어간 도림은 고구려에서 죄를 짓고 도망을 왔으며, 자신이 바둑의 고수라고 소문을 냈다. 개로왕이 도림을 불러들여 바둑을 두었더니 과연 바

백제 전성기

둑을 잘 두었다. 도림은 개로왕과 바둑을 두며 아슬아슬하게 이기거나 지기를 반복해 왕을 애타게 했다. 결국 개로왕은 도림을 극진히 대접하며 매일 바둑에 빠져 지냈다.

어느 날 도림이 왕에게 넌지시 말했다.

"신이 비록 다른 나라 사람이지만 왕께서 저에게 큰 은혜를 베푸시니 조그만 도움을 드리고 싶습니다. 백제는 사방 경계가 모두 산악과 강, 바다로 둘러싸여 있으니, 이는 하늘이 베푼 천혜의 요새입니다. 그래서 주변 여러 나라가 함부로 쳐들어오지 못하고 백제를 섬기려 합니다. 그러니 왕께서는 마땅히 성곽과 대궐을 수리하여 위엄을 보여야 할 것입니다."

개로왕은 도림의 말이 옳다고 생각하여 흔쾌히 받아들였다. 왕은 도림의 말대로 백성을 강제 동원해 토성을 쌓고, 궁궐과 누각 등을 호화롭게 지었다. 백제에서는 토성을 쌓을 때 판축 기법을 썼다. 판축 기법이란 진흙 판을 다져 넓게 깐 다음 모래를 얹고 그 위에 또 진흙 판을 얹고 다시 모래를 얹으면서 마치 시루떡을 앉히듯 성을 쌓는 방식이다.

대대적인 토목 공사로 백제의 국고는 텅 비었고 백성의 생활은 매우 어렵게 되었다. 도림은 백제의 이런 상황을 고구려에 알렸고, 장수왕은 대군을 이끌고 백제의 수도인 한성을 공격했다. 개로왕은 도망가다가 사로잡혀 죽음을 맞게 되었다. 개로왕의 아들 문주는 한성이 포위되었을 때 신라로 가서 구원병 1만 명을 이끌고 돌아왔다. 그러나 아버지 개로왕은 피살되었고, 한성은 폐허가 된 뒤였다. 문주왕은 한성에서 지금의 공주인 웅진으로 수도를 옮겼고, 이때부터 백제는 쇠퇴했다.

정사각형 바둑판에서 벌어지는 생존 게임과 수학

개로왕이 그토록 좋아했던 바둑에 숨어 있는 수학에 대하여 알아보자.

바둑은 간단히 말하면 정사각형 모양의 바둑판 위에서 벌이는 생존 경쟁 게임이다. 바둑판은 가로와 세로로 각각 19개의 선이 그어져 있고, 이 선들이 361개의 점에서 서로 교차하여 만난다. 흑돌과 백돌로 편을 나누어 361점 위의 적당한 점에 서로 번갈아 한 번씩 돌을 놓아 진을 치며 싸운 후, 차지한 점[집]이 많고 적음으로 승부를 가린다.

바둑은 그 수가 깊고 오묘하며 같은 모양으로 돌이 놓였다 하더라도 어디에 먼저 놓느냐에 따라 전혀 다른 결과가 나온다. 또한 선택할 수 있는 가짓수가 너무 많기 때문에 일설에 의하면 바둑이 생긴 이후에 지금까지 똑같은 판은 없었다고 한다. 실제로 바둑판에 바둑돌을 놓을 수 있는 가짓수는 361의 계승인 361!보다 훨씬 많다. 즉, 361개의 점을 순서에 따라 한 곳씩 선택하여 바둑돌을 놓을 수 있는데, 처음 돌을 놓을 수 있는 경우의 수는 361가지이다. 다음 사람은 먼저 사람이 놓은 한 지점을 제외한 360개의 점 중에서 한 개를 선택할 수 있다. 그 다음번 사람은 359개의 점 중에서 한 개를 선택할 수 있다. 이와 같은 방법으로 계속 게임을 한다면 바둑판에서 한 지점에 돌을 놓을 수 있는 경우의 수는

$$361 \times 360 \times 359 \times \cdots \times 3 \times 2 \times 1 = 361!$$

이다. 그런데 바둑에서는 돌을 잡았을 때 생기는 집에 다시 돌을 놓을 수 있고, 번갈아 두는 패가 있기 때문에 실제로는 361!보다 훨씬 많

은 경우의 수가 있다. 그런데 361!을 손으로 계산하는 것은 거의 불가능하며 현재 우리가 나타낼 수 있는 가장 큰 수의 단위는 10^{68}인 무량수(無量數)이므로 천 무량수인 10^{71} 자리까지 수를 읽을 수 있다. 따라서 바둑에서 나오는 가짓수 361!은 현재 우리가 사용하고 있는 수의 단위로는 도저히 읽을 수도 없는 큰 수이다. 그런데 착수 금지점 등 바둑의 규칙을 고려하면, 평균적으로 다음 수를 둘 수 있는 지점은 250개이고 바둑 게임에서 평균적으로 돌을 놓은 횟수는 약 150수 정도이므로 실제로는 $250^{150} \approx 10^{360}$가지 정도의 경우의 수가 있다고 한다. 이만큼만 되어도 우주 전체에 있는 원자의 수가 약 10^{80}개이니 바둑에서 돌을 놓을 수 있는 경우의 수를 계산하여 구한다는 것 자체가 사실상 어려운 어마어마한 가짓수이다.

착수 금지(着手禁止)
바둑판 위에 돌을 놓는 착수를 금지한다는 뜻이다. 착수 금지점은 돌을 두는 순간에 잡히기 때문에 돌을 놓을 수 없는 지점이다. 상대의 돌을 따낼 때는 착수 금지가 아니다.

인간과 인공 지능의 바둑 대결에서 인공 지능이 이기는 이유

과학자들은 오랫동안 바둑을 둘 수 있는 컴퓨터를 개발하려고 노력했다. 그런데 컴퓨터가 바둑을 둘 수 있으려면 어마어마한 경우의 수를 빠른 시간에 처리할 수 있는 인공 지능(AI, Artificial Intelligence)이 필요하다. 이 일은 몇십 년이 걸렸으며 AI 분야의 연구, 컴퓨터 과학, 컴퓨터 프로그램, 공학과 수학의 발전과 연관되어 있다.

세계 최초의 컴퓨터 에니악이 1946년에 발명된 이후 계산에서 시작해서 논리, 사고, 자각 등 실제 지능과 같은 인공적으로 만든 인공 지능도 거듭 발전해 왔다. 1997년 IBM의 인공 지능 딥 블루(Deep Blue)가 세계 체스 챔피언 가리 카스파로프를 상대로 승리했고, 인공 지능 왓슨은 미국의 퀴즈 프로그램에서 역대 우승자를 제치고 우승을 차지했다.

하지만 바둑은 전개가 너무 다양해 오랫동안 인공 지능이 정복하지 못한 게임이었다. 그러다가 2008년 인공 지능 모고가 우리나라의 김명완 기사를 상대로 9점 접바둑으로 승리를 거뒀고, 2012년 일본에서는 인공 지능 젠이 다케야마 마사키를 상대로 4점 접바둑으로 이겼다. 2016년에는 구글의 딥 마인드 팀이 개발한 인공 지능 알파고(AlphaGo)가 우리나라 이세돌 기사와 대결해 4대 1 승리를 거두었다.

바둑은 매우 복잡하여 인공 지능도 인류를 이길 수 없을 것이라고 전망했지만 인공 지능이 이길 수 있었던 것은 바로 딥 러닝(Deep learning)과 몬테카를로 트리 탐색(Monte Carlo tree search)이라는 기술 때문이다.

딥 러닝은 컴퓨터가 사람처럼 생각하고 배울 수 있도록 하는 기술을 뜻한다. 많은 데이터를 분류해서 같은 집합들끼리 묶고 상하의 관계를 파악하는 기술이다. 딥 러닝은 기계 학습의 한 분야라고 할 수 있는데, 기존의 것과 차이점이 있다면 기존의 기계 학습은 컴퓨터에 먼저 다양한 정보를 가르치고 그 학습한 결과에 따라 컴퓨터가 새로운 것을 예측하는 반면, 딥 러닝은 인간의 '가르침'이라는 과정을 거치지 않아도 스스로 학습하고 미래의 상황을 예측할 수 있다는 것이다.

예를 들어 개발자가 다양한 호랑이 사진을 컴퓨터에 보이고 '이것은 호랑이다.'라고 알려 준 다음, 새로운 호랑이 사진을 보였을 때 '호랑이'라고 판단할 수 있도록 하는 것이 기계 학습이다. 하지만 딥 러닝은 스스로 여러 가지 호랑이 사진을 찾아보고 '호랑이'에 대해 학습한 다음 새로운 호랑이 사진을 보고 '호랑이'라고 구분하는 것이다.

인공 지능 알파고도 딥 러닝 기술을 통해 만들어진 프로그램이다. 이 세돌 기사와 바둑을 두기 전까지 알파고는 끊임없이 스스로 바둑 기보를 가지고 전략을 학습했다. 사람이 특별한 정보를 입력한 것도 아니고, 다른 기계의 정보를 가져다 배운 것도 아니다. 알파고들끼리 서로 바둑을 두면서 바둑의 원리를 배웠고, 과거에 있었던 바둑 경기들을 스스로 학습하면서 어떤 상황에서 어떤 수를 두어야 할지 배워 나간 것이다.

알파고의 또 다른 기술은 가장 좋은 결과가 나올 수 있게 하는 탐색 방법인 몬테카를로 트리 탐색 방법에 있다. 바둑, 체스, 장기처럼 두 선수가 번갈아 가며 수를 두는 게임은 일반적으로 수형도(tree)를 이용해 표현할 수 있다. 바둑에서의 수형도는 두 선수가 번갈아 가면서 착수를 하면서 확장되는데, 이때 상대방의 착수에 대해 가장 좋은 착수점을 찾는 탐색 방법인 몬테카를로 트리 탐색 방법을 알파고가 사용한 것이다.

예를 들어 그림과 같은 9개의 점이 있는 수형도를 탐색하는 방법을 알아보자. ①에서 시작하면 ②와 ⑦ 중에서 하나를 선택해야 하는데, ②를 선택하는 경우를 생각해 보자.

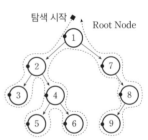

②를 선택했다면 ③ 또는 ④를 선택하게 된다. 이때 ④를 먼저 선택하게 되면 ⑤와 ⑥을 탐색하고 나중에 ③을 탐색해야 하므로 다음의 순서로 진행하게 된다.

$$① \rightarrow ② \rightarrow ④ \rightarrow ⑤ \rightarrow ④ \rightarrow ⑥ \rightarrow ④ \rightarrow ② \rightarrow ③ \rightarrow ② \rightarrow ①$$

또 ③을 먼저 탐색하게 되면 다음의 순서로 진행하게 된다.

$$① \rightarrow ② \rightarrow ③ \rightarrow ② \rightarrow ④ \rightarrow ⑤ \rightarrow ④ \rightarrow ⑥ \rightarrow ④ \rightarrow ② \rightarrow ①$$

1. 선택

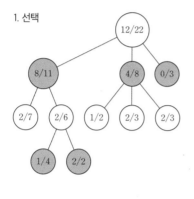

2. 확장

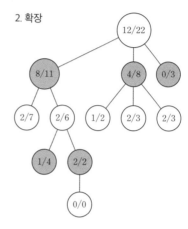

3. 시뮬레이션

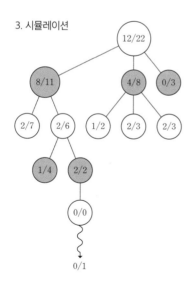

4. 백업

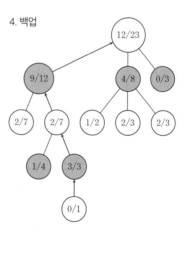

어떻게 탐색해도 탐색의 길이가 같지만 각 점에 부여된 확률이 다르면 탐색 결과는 달라질 수 있다. 위와 같이 각 점에 확률이 부여된 수형도를 생각해 보자.

처음 선택 단계에서는 백이 $\frac{12}{22}$의 확률로 이기는 점을 선택했고, 이에 대하여 흑은 이길 수 있는 확률이 각각 $\frac{8}{11}$, $\frac{4}{8}$, $\frac{0}{3}$인 세 가지 지점 중에서 하나를 선택할 수 있다. 당연히 흑은 확률이 가장 높은 $\frac{8}{11}$인 점을 선택한다. 그러면 백은 할 수 없이 확률이 $\frac{2}{6}$인 지점을 선택할 것이고, 다시 흑의 차례에서 확률이 각각 $\frac{1}{4}$, $\frac{2}{2}$인 두 지점 중에서 흑은 확률이 $\frac{2}{2}$인 점을 선택하게 된다.

여기까지 선택하면 백은 더 이상 선택할 수 있는 경우가 계산되어 있지 않다. 그래서 경우의 수를 약간 더 늘려 확장을 하게 된다. 그리고 시뮬레이션을 통해 그 방향으로 확장할 경우의 승률을 끝까지 계산한다. 시뮬레이션 결과 백이 패하는 것으로 나왔다면 트리를 거꾸로 올라가며 마지막 단계인 백업을 한다. 즉, 지금까지 탐색했던 경로에 있던 점들의 승리할 확률은 차례대로 백은 $\frac{0}{1}$, 흑은 $\frac{3}{3}$, 백은 $\frac{2}{7}$, 흑은 $\frac{9}{12}$, 백은 $\frac{12}{23}$로 변하게 된다. 이를테면 처음에 흑이 선택한 점은 승률이 $\frac{8}{11}$이었지만 나중에는 한 번 더 이기게 되므로 승률이 $\frac{9}{12}$로 높아지고, 반면에 백은 한 번 더 진 것이므로 각 점의 확률은 낮아지게 된다.

이와 같은 과정을 반복적으로 수행하면 승률이 가장 높은 경우를 선택할 수 있게 된다. 인공 지능은 각 점에 부여된 확률 중에서 승산이 있는 가장 좋은 확률을 선택하며 찾아가는 방법을 택하게 되는데, 이 방법이 바로 몬테카를로 트리 탐색 방법이다. 알파고는 바로 이런 탐색 방법을 이용하여 상대가 돌을 놓았을 때 이길 수 있는 가장 높은 확률을 가진 점이 어디인지 계산하고 확인하여 착수하기 때문에 인류를 대표한 이세돌 9단을 이길 수 있었던 것이다. 분명한 것은 도림의 실력으로도 알파고를 이길 수는 없었을 것이다.

우리처럼 스스로 생각하고 학습하는 인간에게는 일상이기 때문에 비교적 간단한 문제이지만, 명령과 응답이 기본 체계였던 컴퓨터는 결코 쉬운 기술이 아니다. 하지만 딥 러닝과 탐색 기술이 사람처럼 배우고 판단하는 능력을 발휘할 때, 컴퓨터는 어쩌면 사람이 해결하지 못하는 문제도 해낼 수 있을지 모른다. 컴퓨터의 자료 처리 능력은 사람과 비교할 수 없을 만큼 빠르고 뛰어나기 때문이다.

수나라의 대대적인 고구려 침입 :
100만 대군의 수학적 의미

중국을 통일한 수는 동북아시아의 강국인 고구려를 침입했다. 수 양제가 고구려 원정에 동원한 군인 수는 기록에 의하면 1,133,800명에 이른다. 여러 자료로 팩트 체크를 해 보면 수나라는 고구려와 전쟁을 하기 위하여 어마어마한 인력과 마소를 동원했다. 하지만 고구려에 패한 뒤 결국 멸망하고 말았다.

집요하고 대대적인
수나라의 침략을 막아 내다

고구려는 한반도 북부에서부터 중
국 동북부까지 세력을 뻗친 나라
였다. 그런 까닭으로 중국 왕조는 물론 동아시아 여러 민족과 영향을 주
고받았다. 중국이 혼란한 상황과 분열이 계속되는 위진 남북조 시대일
때 고구려는 광개토 대왕과 그 뒤를 이은 장수왕 때 동북아시아의 강국
이 되었다. 589년에 중국에서 북조의 수(隋)가 위진 남북조 시대를 끝내
고 통일 왕조를 세웠다. 수나라를 세운 문제 양견은 북주(北周)의 외척이
었는데 왕위를 빼앗아 새로운 왕조를 세운 것이다. 중국 내부를 통일한
수는 외부의 여러 민족을 복속시켰다. 그리고 동북아시아의 강자인 고
구려를 노렸다.

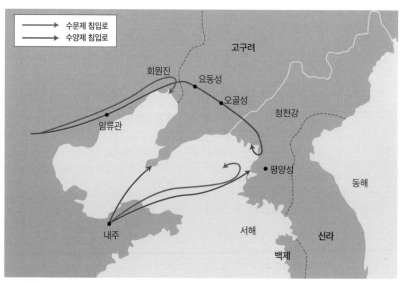

고구려와 수나라의 싸움
수나라는 문제와 양제 때 대군을 이끌고 육로와 해로로 고구려에 침입했지만 모두 패했고, 결국 수나라
가 멸망하게 되었다.

고구려는 북쪽으로는 돌궐, 남쪽으로는 백제와 연합해 남북으로 외교 관계를 맺고 수의 위협에 대응하였다. 고구려와 수는 팽팽하게 맞섰고 두 나라 사이엔 전운이 감돌았다. 그때 고구려가 먼저 중국의 요서 지역을 치고 빠지는 식의 공격을 했다. 고구려 공격의 기회만 엿보던 수는 30만 대군으로 고구려에 쳐들어왔다. 598년 수 문제 때였다. 하지만 수 군대는 별 성과를 거두지 못하고 퇴각하고 말았다.

　수 문제가 고구려 원정에 실패했음에도 그 뒤를 이은 수 양제는 고구려 침략을 포기하지 않았다. 수 문제의 둘째 아들인 양제는 이름이 양광으로 야심 큰 음모가였다. 원래 첫째 아들 양용이 태자였는데 양광은 일부러 궁녀를 태자인 형의 거처로 보내 술을 마시게 해서 사치스럽다는 누명을 씌웠다. 수 문제의 부인인 문헌 황후는 아주 엄격한 여장부였다. 문헌 황후는 문제에게 태자를 폐하고 둘째 양광을 태자로 삼자고 했고, 문제는 황후의 말을 따라 양광을 태자로 삼았다.

　양광은 아버지 문제가 중병에 걸리자 쾌유를 빌기보다는 문제가 죽은 뒤 자신이 제위에 오를 일을 측근과 논의했다. 양광이 여러 가지 문제를 일으키자 문제는 양용을 다시 태자에 세우려 했고, 이에 양광이 아버지 문제를 은밀히 시해했다는 설까지 있다.

　양제는 황제가 되자 과시적 정책을 펼쳐 웅장한 궁궐을 짓고, 대운하를 건설하도록 했다. 또 대외 정벌로 국위를 떨치려고 했는데, 그중에는 아버지 문제가 실패한 고구려 정벌도 있었다.

　수 양제는 612년 고구려 수도 평양성 함락을 목표로 113만 명에 달하는 육군과 수군을 직접 통솔하여 정벌에 나섰다. 수나라 대군은 요하

(랴오허강)에 이르렀고, 요하를 건너면 고구려 땅이었다. 수나라 군은 요하를 건너야 했고, 고구려 군은 이를 막아야 했다. 쌍방 간에 치열한 전투가 벌어졌고, 결국 2개월 만에 수나라 대군은 요하를 건넜다.

요하를 건넌 수 양제는 요동의 최대 거점 성인 고구려 요동성(지금의 중국 랴오닝성 랴오양 근처)을 포위했지만 3개월이 지나도록 함락시키지 못했다. 한편 수나라 수군 4만은 따로 바닷길로 평양성을 공격했다가 고구려군에 궤멸되었다. 요동성을 함락시키지 못하자 수 양제는 우중문과

수 양제
문제의 둘째 아들로 수나라 2대 황제가 되었다. 재위 기간은 604년-618년이다.

우문술에게 별동대 30만 명을 주어 평양성을 직접 공격하게 했다.

고구려 영양왕은 우중문 부대에 을지문덕을 보내 거짓으로 항복 의사를 전했다. 하지만 그 뒤에도 고구려가 실제 항복하지 않자 우중문은 고구려군을 공격했고, 을지문덕은 일부러 패하면서 수 군대를 유인해 평양성까지 오게 했다. 그런데 수의 수군(水軍)이 전멸한지라 물자 보급이 안 되고, 계속된 전투와 강행군으로 수 군대는 더 이상 싸울 형편이 안 되어 전전긍긍하는 처지가 되었다. 이때 을지문덕이 우중문에게 편지를 보냈다.

神策究天文(신책구천문) 그대의 신기한 책략은 하늘의 이치를 다했고

妙算窮地理(묘산궁지리) 오묘한 이치는 땅의 이치를 다했노라.

戰勝功旣高(전승공기고) 전쟁에 이겨서 그 공이 이미 높으니

知足願云止(지족원운지) 만족함을 알고 그만 그치기를 바라노라.

얼핏 보면 치켜세우는 것 같지만 실제로는 '이제 물러가라.'라는 메시지였다. 우중문과 우문술은 더는 얻을 것이 없다고 판단하고 결국 퇴각하기로 했다. 퇴각하는 수나라 군대는 살수(청천강)에서 을지문덕이 이끄는 고구려군의 공격을 받았고, 수군은 전멸해 겨우 2,700명만 살아남았다고 한다.

수 양제는 고구려 공격에 나선 지 8개월 만에 참혹한 패배를 당하고 귀국할 수밖에 없었다. 하지만 분을 참지 못하고 그 뒤에도 2차례나 더 고구려를 침략했지만 모두 실패했다.

살수대첩 기록화
고구려가 수 양제의 1차 침략을 막은 결정적 전투인 살수대첩을 묘사한 기록화이다. 살수에서 살아남은
수군은 겨우 2,700명이었다. 전쟁기념관

수나라 100만 대군
팩트 체크 수 양제가 고구려 원정에 동원한 군인 수는
기록에 의하면 1,133,800명에 이른다. 이
정도 전투 병력은 세계사에서도 드물어 제1차 세계 대전 이전까지 최대
규모였다. 너무 많은 군대를 한꺼번에 움직일 수 없어서 하루 1군(軍)씩
모두 40일에 걸쳐 겨우 출발을 끝냈으며, 깃발은 960여 리에 뻗쳤다고
한다. 어마어마한 인적 자원을 가지고 있는 중국 역사에서도 매우 이례
적인 수치다. 전근대 사회에서 1,133,800명이라는 수치는 그 자체만으
로도 눈길을 끌 만하다. 과연 이 수가 맞는 것일까?

수나라의 역사를 기록한 정사인《수서隋書》〈양제 하煬帝下〉에 다음과
같이 나타나 있다.

總一百一十三萬三千八百, 號二百萬, 其餽運者倍之

(총 1,133,800명인데 이를 200만 병력이라고 과장해서 불렀고, 그밖에 식
량 운반자는 2배이다.)

출전 병력이 1,133,800명에 식량 운반자는 200만이 넘었으므로 결
국 320만 명 정도 동원되었다고 볼 수 있다. 어떤 전투 기록이라도 상
대방의 병력은 과장하고 아군의 병력은 줄여서 기록하기 마련인데, 전
쟁에서 승리한 고구려 측의 사료가 아니라 패배한 수나라 측의 사료에
1,133,800명이라고 기록되어 있으므로 이를 의심할 필요는 없는 셈
이다. 그럼에도《수서》안에서도 내용에 다소 차이가 있기 때문에 이 수
가 과장되었다고 주장하는 경우가 많이 있다.

《수서》에는 당시 군대의 편제에 관한 내용이 있는데, 요약하면 다음
과 같다.

지휘부 : 각 군에는 대장 1명과 아장 1명
기병 : 각 군에는 기병 40개 대, 각 대는 100명,
　　　　10대로 1개 단을 편성하고 각 단에는 편장 1명
보병 : 각 군에는 보졸 80개 대, 단에는 편장 각 1인, 단은 총 4개

기병의 각 대는 100명이고 모두 40개 대이므로 1개 군 소속의 기병
은 4,000명이 된다. 기록에 따르면 수나라 군대는 모두 24군으로 편제
되었다.《수서》의 또 다른 기록에는 천자 6군이 따로 있었으므로 수나

라 군대는 모두 30군으로 편성되었다고 한다. 따라서 기병은 모두 $30 \times 4,000 = 120,000$(명)임을 알 수 있다. 보병의 경우에 각 군에 보졸이 모두 80개 대이고, 각 군은 4개 단이므로 1개 단은 20개 보졸대로 구성된 것을 알 수 있다. 하지만 각 보졸대의 병력 수에 대한 기록이 없으므로 각 군에 소속된 보병의 정확한 수는 알 수 없다. 그런데 만약 보졸대의 경우에도 기마대와 같이 각 대가 100명으로 구성되어 있다고 가정한다면 각 군에 소속된 보병은 8,000명이 된다. 이 경우 각 군이 기병 4,000명과 보병 8,000명으로 구성되므로 각 군의 병력은 12,000명이고 총 30개 군이므로 총병력은 $30 \times 12,000 = 360,000$(명)이 된다.

이처럼 보졸대와 기마대의 병력의 수가 같다고 가정한 계산법에 따라 수 군사가 113만 명이라는 기록은 과장이고 실제 병력은 기껏해야 40만 정도였다는 주장이 나올 수 있다. 하지만 이 계산법에는 몇 가지 문제가 있다.

우선 각 군의 편성 방식에 대한 설명에는 각 보졸대의 정확한 병력이 기록되어 있지 않기 때문에 보졸대가 기마대와 달리 100명 이상으로 편성되었다면 총 병력의 계산에서는 큰 차이가 발생한다. 또 의장을 맡은 별도의 병력 등 여러 잡다한 추가 병력이 있었다고 기록되어 있다. 특히 정규 24군 외에 천자 6군이 별도로 존재한다고 기록되어 있는데, 천자 6군의 편성 방식이 24군과 같은지에 대해서《수서》에 어떤 설명도 없다. 이를테면 천자 6군은 편성 방식이 24군과 달리 더 많은 병력이 소속되었다면 총 병력 역시 크게 달라질 수 있다. 결국《수서》에 나오는 각 군의 편성 방식에 대한 설명이 누락된 부분이 너무 많아 정확한 병력의 수를 알아내기 어렵다.

《수서》〈우문술전宇文述傳〉에는 수나라 군대의 수를 짐작할 수 있는 다음과 같은 기록이 있다.

九軍敗績, 一日一夜, 還至鴨綠水, 行四百五十裏。

初, 渡遼九軍三十萬五千人, 及還至遼東城, 唯二千七百人。

(9군은 완패하였다. 하루 낮 하룻밤에 압록수로 돌아가 강을 건너 450리나

행군하였다. 처음 요동을 지나간 9군은 305,000명이었는데 요동성으로 돌

아간 사람은 겨우 2,700명뿐이었다.)

압록강을 건너 고구려의 을지문덕과 대결했던 수나라 우문술의 병력은 '9군 305,000명'으로 되어 있다. 우문술의 직책은 부여도군의 대장이며, 부여도군은 좌제9군이다. 여기서 만약 9군이 좌제9군 부여도군을 의미한다면 1개 군인 좌제9군만으로 병력은 약 30만 명이다. 그러면 24개 군과 천자 6군을 합해 모두 30개 군이므로 수나라 총 병력이 900만이 된다. 게다가 당시 압록강을 건넜던 수군의 별동대에는 우문술의 좌제9군 부여도군뿐만 아니라 우중문의 좌제12군 낙랑도군도 포함되어 있었다. 따라서 우문술이 인솔했던 '9군 305,000명'에서 9군은 9개의 군일 가능성이 매우 높다. 그러면 1개 군의 평균 군사 수는 약 34,000명이고, 고구려와의 전쟁에 출전한 수나라의 병력은 모두 $30 \times 34,000 = 1,020,000$(명)이 된다. 이런 결과는 《수서》에 기록되어 있는 1,133,800명과 거의 비슷하므로 당시 수나라 총 병력이 100만이 넘었

을 가능성은 매우 높다.

위와 같은 여러 견해로 미루어 볼 때 수 병력은 기록에 있는 1,138,000명, 후방 지원 인력은 200만 명, 합하여 모두 약 320만 명이라고 가정할 수 있다.

100만 대군으로 가늠해 보는 수나라 군대의 수치들

수나라의 어마어마한 대군이 고구려에 침략할 당시 군대의 행렬은 얼마나 길었고, 군량미는 어느 정도였을까?

우선 식량에 대하여 알아보자. 한 사람이 하루에 소비하는 식량을 대략 500g이라고 하면, 320만 명이 하루에 소비하는 식량은 $3,200,000 \times 500 = 1,600,000,000$g 즉, 1,600톤이다. 중국을 떠나 전쟁을 하고 다시 중국으로 돌아오는 기간이 대략 8개월이라고 가정하면 약 240일치의 식량이 필요하다. 즉, $240 \times 1,600 = 384,000$톤의 식량이 필요하다.

옛날에는 오늘날의 화물차처럼 많은 짐을 실을 수 있는 수단이 없었으므로 500kg 정도까지 실을 수 있는 마차로 병사들의 식량을 나른다고 가정하면 $384,000 \div 0.5 = 768,000$대의 마차가 필요하다. 이는 마차를 끌 말이나 소 768,000마리가 필요하다는 뜻이기도 하다. 또, 기마병들이 타는 말은 따로 있었을 것이고, 앞에서 기병의 수를 대략 120,000으로 계산했기 때문에 말과 소는 모두 888,000마리가 필요하다. 이런 계산 결과는 단순히 병사와 후방 지원군의 식량만 생각한 것이다. 여기에 소나 말 888,000마리가 먹어 치우는 먹이 또한 사람이 하루에 먹는 양과는 비교할 수 없을 만큼 많았을 것이고, 각각의 군인들이 입을 갑옷, 칼, 활, 화살, 창, 투석기 같은 각종 전쟁 무기도 여유 있게 가지고 가야 했다. 따라서 적어도 80만 대 정도의 마차가 필요했고, 마차를 끌 말과 소도 약 80만 마리가 필요하므로 당시 중국에 있는 거의 모든 마소가 동원되었을 것이다.

이번에는 수나라 군대 행렬의 길이가 어느 정도였을지 생각해 보자. 우선 병력 1,138,000명에 대해서만 생각해 보자. 수나라에서 고구려까지 오는 길이 넓은 길도 있었겠지만, 산길도 있고 계곡도 있고 강도 있었을 것이다. 병사 한 명이 칼이나 창 또는 활과 같은 간단한 무장을 하고 다른 병사와 부딪히지 않고 걷기 위해서는 적어도 1 m 정도의 간격은 필요하다. 따라서 한 줄로 병력을 이동시키려면 1,138,000 m 즉, 1,138 km의 행렬이 된다. 이들이 4명씩 짝을 지어 행군한다고 하더라도 $1,138 \div 4 = 284.5$ km나 된다. 만약 6명씩 짝지어 행군한다고 하면 $1,138 \div 6 \fallingdotseq 190$ km이고, 이는 서울에서 대전까지의 거리쯤 된다. 그런데 여기에 약 80만 대에 이르는 마차와 후방 지원군 200만 명도 따라가야 하므로 행렬은 이보다 훨씬 더 길었을 것이다. 이를테면 마차 한 대의 길이가 약 3 m라고 가정하더라도 마차가 한꺼번에 두 대 이상이 지나갈 정도의 넓은 길은 없었으므로 80만 대면 마차의 길이만 $3 \times 800,000 = 2,400,000$ m 즉, 2,400 km이다. 특히 기록에 깃발이 960리에 이르렀다고 했고, 10리가 약 4 km이므로 군대의 행렬의 길이는 약 $96 \times 4 = 384$ km나 되었다. 서울에서 여수까지 거리보다 멀다.

결국 수 군대의 모든 병사와 장비 등이 만든 행렬은 적어도 수백 킬로 미터에 달했을 것이다. 기록에 의하면 수나라에서 병력을 이동할 때, 한꺼번에 모두 출발하지 못하고 하루에 1군씩 모두 40일에 걸쳐 출발했다고 한다.

이와 같이 수나라는 고구려와 전쟁을 하기 위하여 어마어마한 인력과 마소를 동원했지만 고구려에 패하고 말았다. 이로 인하여 망국의 길로 접어들게 된 것이다.

고대 음악과 악기들 :
삼분손익법

우리 옛 음악은 삼분손익법에 따른 12율에 근본을 두고 있다. 엄격한 수학적 계산으로 12율이 정해지면 이를 바탕으로 다양한 음을 내는 악기의 제작이 균등하게 된다. 12율의 기본음인 황종음을 얻으려고 만든 황종관은 도량형에도 영향을 미쳐 세종이 도량형을 재정비하는 데에도 기여했다.

제천 의식에 빠지지 않았던 가무와 악기

우리나라 고대 음악은 중국의 역사 서에서도 찾아볼 수 있다. 《삼국지》 와 《후한서》에는 고구려, 부여, 예(동예), 삼한 등의 축제에 대한 기록이 있다. 고구려와 예는 10월, 부여는 12월에 제천 의식을 치렀는데, 이때 남녀노소가 한데 모여 며칠 동안 밤낮으로 노래하며 춤추고 술을 마시 며 즐겼다고 한다. 삼한은 5월 씨뿌리기, 10월 추수를 끝냈을 때 하늘에 제사를 지내고, 며칠 동안 노래하고 춤추며 술과 음식을 즐겼다고 한다. 그 춤추는 모습을 보면 수십 명이 앞사람의 뒤를 따르며 몸을 구부렸다 젖혔다 하고, 손과 발의 동작이 서로 맞았다고 기록되어 있다.

무용총 무용도
특별한 의상을 입은 무용수들이 춤을 추는 모습을 그린 무용총 벽화의 한 장면이다. 그림 위쪽의 다리 위쪽 부분이 훼손된 인물은 완함 연주자로 밝혀졌으며, 아래 줄지어 앉은 이들은 노래를 부르는 것으로 해석되어 악기 연주, 춤, 노래가 어울린 고구려의 대표적인 무악도로 꼽힌다.

이처럼 우리나라 사람들은 제천 의식과 집단 축제를 즐겼고, 여기에는 술과 노래와 춤이 빠지지 않았다. 고구려 고분 벽화 '무용총'에는 춤추는 여인, 합창하는 사람들, 악기를 연주하는 사람이 그려져 있다.

노래를 부르거나 연주를 하려면 악곡과 악기가 있어야 한다. 고대 우리나라의 대표적인 악기는 가야금과 거문고이다. 《삼국사기》에는 가야의 가실왕이 가야금을 만든 뒤 우륵에게 악기에 맞는 곡을 만들게 했다고 한다. 가야금은 가야에서 만든 현악기라고 해서 가얏고라고도 한다. 한편에서는 가야금이 가실왕 때 처음 만든 것이 아니라 이전부터 있던 우리 고유의 현악기를 가실왕이 개량한 것으로 보기도 한다. 가야가 망하자 우륵은 가야금을 들고 신라 진흥왕에게 갔다. 신하들이 망한 나라의 음악을 받아들일 수 없다고 했지만 진흥왕은 우륵을 우대했다. 우륵은 진흥왕의 배려로 충주에서 제자들을 키우며 가야금, 노래, 춤을 전수했다. 충주에는 우륵이 가야금을 탔다는 탄금대가 있다.

가야금과 비슷한 거문고는 고구려에서 만든 현악기이다. 가야금이

좌단　　　　　　　　　　　　　　　　　　　부들

현침　　　　줄　　기러기발　　　　　　　학슬　　봉미
　　　　　　　　(안족, 12개)

가야금의 구조와 명칭

12줄인데 비해 거문고는 6줄이다. 재상 왕산악이 중국 진(晉)에서 보낸 7현금을 개량하여 6줄의 거문고를 만들고, 100여 곡을 지어 거문고로 연주했다고 한다. 악기를 연주할 때 검은 학이 날아와 춤을 추었다고 하여 현학금(玄鶴琴)이라 했다가 뒤에 현금(玄琴)·거문고라고 불렀다. 고구려 고분 벽화에 현악기를 연주하는 악사의 그림이 있는데, 이로 미루어 거문고의 원형이 되는 현악기가 이미 존재했다고 보기도 한다.

거문고의 명인으로는 신라의 백결 선생이 있다. 백결이라는 이름은 집이 너무 가난하여 누더기 옷을 백[百] 번 이상 기워[結] 입었다고 해서 붙여진 것이다. 그는 날마다 거문고를 연주하며 지냈기에 세상만사를 거문고 곡조에 맞춰 표현할 수 있는 경지에 이르렀다고 한다.

어느 해 섣달그믐에 이웃집에서 떡방아 찧는 소리가 들려왔다. 신라에서는 섣달그믐이면 조상에 제사를 지내고 새해를 맞이하기 위해 떡을 만들어 먹는 풍습이 있었다. 하지만 백결의 집에는 먹을 것이 없었다. 그럼에도 불구하고 거문고만 연주하고 있는 백결을 보고 부인이 화가 나서 말했다.

"당장 먹을 끼니도 없는데 거문고만 타고 있으면 어쩝니까? 이웃집의 떡방아소리가 들리지 않습니까?"

그러자 백결이 말했다.

"우리는 떡방아를 찧을 수 없으니 내 거문고로 방아 찧는 곡조를 만들어 보리다."

백결은 거문고 줄을 고르고 방아 찧는 곡조를 뜯기 시작했다. 백결이 거문고를 연주하자 부인은 자신도 모르게 곡조에 맞추어 장단을 치고 나중에는 덩실덩실 춤까지 추었다. 그뿐 아니라 어느새 이웃 사람들도 모두 모여 한바탕 신나게 춤을 추었다고 한다. 가난한 생활에도 이런 곡조를 만들어 낸 백결의 낙천적인 성격을 엿볼 수 있는 대목이다.

우리 옛 음악의 12율 음높이는 삼분손익법으로 정한 것

우리의 전근대 음악은 중국의 영향을 많이 받았는데, 민간에서 향유되던 향악과 달리 궁중 음악은 더욱 그러했다. 삼국 시대에는 어떤 음이 사용되었는지 명확하지 않지만, 조선의 음은 알 수 있다. 우리 옛 음악은 서양 음악의 '도, 레, 미, …'와 같은 음이름에 해당하는 음이 12개 있다. 음을 율이라 부르는데, 12개 율로 구성되어 12율(律)이라 한다. 12율의 음높이 기준이 되는 음은 황종인데, 황종을 오늘날의 C음으로 생각하면 다음과 같다.

1	2	3	4	5	6	7	8	9	10	11	12
도	도#	레	레#	미	파	파#	솔	솔#	라	라#	시
黃	大	太	夾	姑	仲	蕤	林	夷	南	無	應
황종	대려	태주	협종	고선	중려	유빈	임종	이칙	남려	무역	응종

조선 성종 24년에 편찬한 《악학궤범樂學軌範》에 따르면 우리 음악은 삼분손익법(三分損益法)에 의한 12율에 근본을 두고 있다. 삼분손익은 일정한 길이를 셋으로 나누었을 때, $\frac{1}{3}$을 빼내고 나머지 $\frac{2}{3}$를 취하는 방

법인 삼분손일(三分損一)과 삼분손일로 취한 $\frac{2}{3}$를 다시 셋으로 나누어 그 중 $\frac{1}{3}$만큼 더하여 길이를 취하는 방법인 삼분익일(三分益一)을 모두 일컫는다. 예를 들어 다음 그림에서 수직선 AB의 길이를 1이라 하자. $\overline{AB}$를 3등분하면 $\overline{AD}=\overline{DF}=\overline{FB}=\frac{1}{3}$이므로 $\overline{AF}=\frac{2}{3}$이다. 그런데 $\overline{AF}$는 $\overline{AF}=\overline{AB}\times\frac{2}{3}$이므로 삼분손일이다. 다시 $\overline{AF}$를 3등분하면 $\overline{AC}=\overline{CE}=\overline{EF}$이고, 이들과 같은 길이인 $\overline{FG}$를 $\overline{AF}$에 더하면 $\overline{AG}$가 되는데, $\overline{AG}=\overline{AF}\times\frac{4}{3}$이므로 삼분익일이다. 다음 그림에서 $\overline{AB}=1$에 대하여 삼분손익은 선분 $\overline{AF}$이고, 삼분익일은 점선 $\overline{AG}$이다.

현악기의 경우에 처음 주어진 줄에서 $\frac{1}{3}$을 버리고 $\frac{2}{3}$를 택하면 처음 줄보다 진동수가 많아지므로 줄을 튕기면 자연스럽게 높은 음을 낸다. 반대로 처음 줄보다 $\frac{1}{3}$이 길어진 줄을 튕기면 처음보다 낮은 음을 낸다. 처음 줄보다 $\frac{1}{3}$이 짧아진 줄은 처음 줄보다 5도 높아지고, 길어진 줄은 처음 줄보다 4도 낮아진다. 그래서 삼분손익법은 삼분손일과 삼분익일의 방법을 교대로 적용하여 12율을 얻어 내는 방법이다.

처음의 황종을 왜 81로 했는지 아직까지 정확한 이유를 알 수는 없지만, 삼분손익법을 적용해서 앞에서 소개한 12율을 얻어 보자. 이 방법은 이미 구한 수에 $\dfrac{2}{3}$와 $\dfrac{4}{3}$를 차례로 곱하여 얻을 수 있다. 즉 처음 수를 81이라 하면 차례로 수를 얻는 계산과 그림은 다음과 같다.

$$81, \quad 81 \times \frac{2}{3} = 54, \quad 54 \times \frac{4}{3} = 72, \quad 72 \times \frac{2}{3} = 48, \quad 48 \times \frac{4}{3} = 64$$

여기까지 구했을 때 64는 3으로 나누어떨어지지 않으므로 삼분손익을 제대로 할 수가 없다. 그래서 그 다음의 값들은 정확하지 않은 대략적인 값으로 하고 있다. $64 \times \dfrac{2}{3} = 42.666\cdots$ 을 42로 계산한다. 그래서 64 이후의 수들은 정확한 값이 아니고 대략적인 값들이다. 어쨌든 계속 계산해 보면 대략적인 값을 다음과 같이 얻게 된다.

$$42 \times \frac{4}{3} = 56, \quad 56 \times \frac{2}{3} = 37.33\cdots \approx 38,$$

$$38 \times \frac{4}{3} = 50.666\cdots \approx 52, \quad 52 \times \frac{2}{3} = 34.666\cdots \approx 34,$$

$$34 \times \frac{4}{3} = 45.333\cdots \approx 44, \quad 44 \times \frac{2}{3} = 29.333\cdots \approx 30,$$

$$30 \times \frac{4}{3} = 40$$

삼분손익법

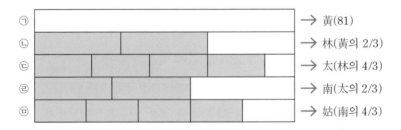

ㄱ → 黃(81)

ㄴ → 林(黃의 2/3)

ㄷ → 太(林의 4/3)

ㄹ → 南(太의 2/3)

ㅁ → 姑(南의 4/3)

계산을 해서 얻은 수를 12율에 대입하면 다음과 같은 차례를 얻게 된다.

황종(81) → 임종(54) → 태주(72) → 남려(48) → 고선(64) → 응종(42) → 유빈(56) → 대려(38) → 이칙(52) → 협종(34) → 무역(44) → 중려(30) → 황종(40)

그런데 이 차례는 황종을 1로 하여 8번째 율이 임종, 임종을 1로 하여 8번째 율이 태주, 태주를 1로 하여 8번째 율이 남려, 남려를 1로 하여 8번째 율이 고선이다. 이처럼 8을 간격으로 서로 생겨나는 법칙이어서 삼분손익법을 격팔상생법(隔八相生法)이라고도 한다. 아래 그림은 12

황종의 높이를 도(C)로 본 경우

황종　대려　태주　협종　고선　중려　유빈　임종　이칙　남려　무역　응종

황종의 높이를 내림마(E♭)로 본 경우

황종　대려　태주　협종　고선　중려　유빈　임종　이칙　남려　무역　응종

12율
편종·편경 등의 아악기가 중심이 되는 음악에서의 황종은 서양음 'C'와 비슷하고, 거문고·가야금·대금 같은 향악기가 중심이 되는 음악에서 황종은 서양음 'E♭'에 해당한다.

율을 오늘날 사용하고 있는 오선지에 대응시킨 것인데, 향악과 아악에서 12율의 시작은 약간 다르다고 한다.

그리고 3으로 나누어떨어져서 만들어진 황종(81)에서 고선(64)까지의 다섯 음을 정음(正音)이라 하고, 3으로 나누어떨어지지 않은 수인 응종에서 중려까지의 일곱 음을 변음(變音)이라 한다. 옛날 경전에는 이 수들 때문에 여러 가지 계산법이 자(尺)의 길이로 환산되어 있다. 가장 기본은 거서(秬黍, 옻기장)를 이용하여 황종을 정하고 삼분손익법으로 12율을 얻어 낸 거서법(秬黍法)이었다.

<table>
<tr><td>박연이 만든 황종관이
도량형의 척도가 되다</td><td>우리나라에서 음을 정확하게 정비한 것은 조선 세종 때이다. 박연은</td></tr>
</table>

세종의 명을 받아 삼분손익법에 따라 12개의 율관을 만들었다. 박연은 처음엔 옛 중국 방법에 따라 열매가 검은색인 옻기장으로 황종음을 찾으려 했다. 이 당시 해주에서 기장이 생산되어서 이런 시도가 가능했다. 기장 1톨 길이를 1푼[分, 분], 10톨을 쌓은 길이를 1치[寸, 촌]로 정했다. 그리고 9치짜리 대나무를 잘라 그 안에 기장 1,200톨이 들어가는 관(황종관)에서 나는 소리를 황종음으로 삼으려 한 것이다.

그런데 중국에서 이용한 기장과 우리나라에서 생산된 기장의 낱알 크기가 달라 황종음이 정확하지 않았다. 박연은 다시 궁리를 해서 밀랍을 기장 알처럼 낱낱이 빚어 다시 황종관을 만들어 정확한 음을 얻을 수 있었다. 황종음을 얻은 뒤에는 황종에서 응종까지 각 율의 정한 치수

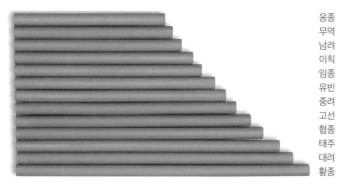

응종
무역
남려
이칙
임종
유빈
중려
고선
협종
태주
대려
황종

12율관 국립국악원

대로 12개의 가는 관을 한 벌로 만들어 사용했다. 황종관은 처음에는 대나무로 만들었으나 후대에 와서는 구리로 만들기도 했다.

박연이 황종음을 얻으려 만든 황종관은 도량형에도 영향을 미쳤다. 전근대 사회에서는 1척의 길이가 시대마다 지역마다 조금씩 달랐다. 세종은 도량형이 문란해지자 도량형을 재정비할 필요성을 절감했다. 그래서 박연이 만든 황종관을 토대로 황종척을 세웠다. 황종관 9치에다 1치를 더해 1척(尺, 자)으로 삼고 황종척이라 한 것이다.

그런데 황종척은 길이를 정할 때 9진법에 따른 종서척(縱黍尺)과 십진법에 따른 횡서척(橫黍尺)에 따라 계산 방법이 약간 다르다. 이는 기장을 세로로 $9 \times 9 = 81$로 쌓으면 종서척이고, 가로로 $10 \times 10 = 100$으로 쌓으면 횡서척이기 때문이다. 기장의 세로가 약간 더 길기 때문에 종서척과 횡서척의 실제 길이는 같다고 한다.

종서척은 9진법으로 표시할 때 1촌이 9분, 1척이 9촌으로 1척은

$9 \times 9 = 81$분이 된다. 종서척에 의하면 1촌은 9분이기 때문에 $\frac{1}{3}$촌은 3분이다. 반면 횡서척은 10진법으로 표시할 때 1촌이 10분, 1척이 10촌으로 1척은 $10 \times 10 = 100$분이다.

《악학궤범》에 율관을 종서척으로 계산하는 방법이 있다. 계산을 이해하기 위하여 작은 수의 이름을 몇 개 알아보자. 분(分)은 $\frac{1}{10}$, 리(厘)는 $\frac{1}{100}$, 호(毫)는 $\frac{1}{1000}$, 사(絲)는 $\frac{1}{10000}$, 홀(忽)은 $\frac{1}{100000}$을 나타낸다. 그런데 여기서는 9진법을 사용하므로 분, 리, 호, 사, 홀은 $\frac{1}{9}$, $\frac{1}{9 \times 9}$, $\frac{1}{9 \times 9 \times 9}$, $\frac{1}{9 \times 9 \times 9 \times 9}$, $\frac{1}{9 \times 9 \times 9 \times 9 \times 9}$이다. 다음은 12개가 한 벌인 관의 각각의 길이인데, 자세한 계산과 단위 환산은 생략한다.

❶ 황종 : 9촌

❷ 임종 : 9촌 $\times \frac{2}{3} = 6$촌

❸ 태주 : 6촌 $\times \frac{4}{3} = 8$촌

❹ 남려 : 8촌 $\times \frac{2}{3} = 5.3$촌

❺ 고선 : 5.3촌 $\times \frac{4}{3} = (5 \times 9 + 3) \times \frac{4}{3}$분 $= 7.1$촌

❻ 응종 : 7.1촌 $\times \frac{2}{3} = (7 \times 9 + 1) \times \frac{2}{3}$분 $= 4.66$촌

❼ 유빈 : 4.66촌 $\times \frac{4}{3} = (4 \times 9 \times 9 + 6 \times 9 + 6) \times \frac{4}{3}$리 $= 6.28$촌

❽ 대려 : 6.28촌 $\times \frac{4}{3} = (6 \times 9 \times 9 + 2 \times 9 + 8) \times \frac{4}{3}$리 $= 8.376$촌

❾ 이칙 : 8.376촌$\times\dfrac{2}{3}$=$(8\times9\times9\times9+3\times9\times9+7\times9+6)\times\dfrac{2}{3}$호=5.551촌

❿ 협종 : 5.551촌$\times\dfrac{4}{3}$=$(5\times9\times9\times9+5\times9\times9+5\times9+1)\times\dfrac{4}{3}$호

$$=7.4373촌$$

⓫ 무역 : 7.4373촌$\times\dfrac{2}{3}$=$(7\times9\times9\times9\times9+4\times9\times9\times9+3\times9\times9$

$$+7\times9+3)\times\dfrac{2}{3}사$$

$$=4.8848촌$$

⓬ 중려 : 4.8848촌$\times\dfrac{4}{3}$=$(4\times9\times9\times9\times9+8\times9\times9\times9+8\times9\times9$

$$+4\times9+8)\times\dfrac{4}{3}사$$

$$=6.58345촌$$

12율이 정해지면 이를 바탕으로 다양한 음을 내는 악기의 제작이 균등하게 된다. 결국 음율은 엄격한 수학적 계산으로 정한 규칙에 의하여 만들어진 소리의 높낮이로 아름다움을 창조하는 기초가 된다. 그런데 이렇게 만들어진 음악은 한번 연주하면 공간 속으로 사라져버린다. 즉, 수학과 음악은 모두 공간적이고 추상적인 학문이다. 특히 피타고라스는 산술, 음악, 기하, 천문학을 4학이라 했다. 산술은 수를 연구하는 것이고, 음악은 시간 속에서 수를 연구하는 것이고, 기하는 공간에서 수를 연구하는 것이고, 천문학은 우주에서 이 세 가지를 연구하는 것이라고 주장했다. 동서양을 막론하고 아름다움을 표현하는 방법만 다를 뿐 마찬가지이다.

경주 월지의 신라 유물들 :
14면체 주령구와 유물 복원

통일 신라 유적인 동궁과 월지에서는 많은 유물이 출토되었다. 특히 목제 주령구와 '신라의 미소'로 불리는 수막새는 수학적으로도 흥미롭다. 14면체인 목제 주령구는 정다면체가 아닌 데도 각 면이 나올 확률이 거의 같다. 깨진 '신라의 미소'는 수직이등분선의 작도 방법과 삼각형의 외심을 이해하면 복원이 가능하다.

경주에는 한때 안압지(雁鴨池)라고 불렸던 호수인 월지(月池)가 있고, 그 바로 옆에는 신라의 태자가 거처했던 동궁(東宮)이 복원되어 있다. 월지는 오랫동안 안압지라 불렸는데, 신라 멸망 후 폐허가 된 이곳에 기러기와 오리가 많이 날아들어 붙여진 이름이라고 한다. 그러다가 1980년 발굴 때 월지라는 글자가 새겨진 토기 파편이 발굴되면서 본 이름이 '달이 비치는 연못'이란 뜻의 월지였음을 알게 되었다. 신라 때 이곳을 월지라고 한 이유는 이곳이 반월성(半月城)과 가까이 있었기 때문이며, 동궁의 이름도 원래는 월지궁(月池宮)이었다고 한다. 그래서 이곳의 정식 명칭도 오랫동안 써 왔던 '안압지' 대신 '동궁과 월지'로 바꾸게 되었다.

동궁은 신라의 별궁으로 정궁인 경주 월성과 가까운 북동쪽에 있으며 황룡사 남서쪽에 있다. 월지는 신라 왕궁 안쪽의 친수 구역으로 조선 시대 궁궐인 경복궁 안에 있는 경회루처럼 연회 장소로 만든 것이라고 한다. 왕자가 거처하는 동궁으로 사용되면서 나라의 경사가 있을 때나 귀한 손님을 맞을 때 이곳에서 연회를 베풀었다고 한다. 후백제의 견훤이 침입하자 경순왕이 왕건을 초청하여 위급한 상황을 호소하며 잔치를 베풀었던 곳이기도 하다.

동궁과 월지를 만든 왕은 삼국 통일을 완성한 문무왕이다. 문무왕은 경주 월성의 동쪽에 호수를 만들고, 몇 년 뒤 그곳에 태자가 거처하는 동궁을 지었다. 이때는 신라가 삼국을 통일하고 당나라와의 전쟁도 마무리되어 가던 시기였다. 나라의 규모가 커지면서 정궁인 월성이 협소하기도 했고 왕권을 강화할 목적으로 월성 바로 옆에 동궁과 월지를 마

월지에서 발견된 토기
안쪽 바닥에 '신심용왕(辛審龍王)'이
라는 명문이 새겨져 있어 '신심용왕
명토기'라고도 한다. 국립경주박물관

련했던 것이다. 죽어서도 동해의 용이 되어 나라를 지키겠다는 유언을 남긴 문무왕이 만든 곳이라 그런지 용왕에게 제사를 지내는 용왕전도 이곳에 있었다고 한다. 동궁과 월지를 발굴할 때 발견된 신심용왕(辛審龍王)이란 글자가 새겨진 토기가 그 사실을 뒷받침한다. 신심용왕이란 말은 '새로운 제물을 용왕께서 굽어 살펴 주소서.'라는 뜻으로, 동궁과 월지가 단순한 연회 장소가 아니라 제사를 지내는 곳으로도 이용되었음을 짐작케 한다.

동궁의 동쪽에 있는 인공 호수인 월지는 바다를 형상화해서 만든 것으로 바다에 가깝게 있다는 뜻을 가진 전각인 임해전이 월지 서쪽에 있다. 월지는 동서로 약 200m, 남북으로 약 180m, 둘레가 약 1000m로 아주 넓지는 않다. 하지만 좁은 호수를 넓어 보이도록 호수의 서쪽과 동쪽의 높이를 다르게 하고, 동쪽의 가장자리를 구불구불하게 만들어 어디에서 보아도 호수 전체가 보이지 않도록 했다.

정사각형과 육각형으로 이루어진 14면체

동궁과 월지에서 출토된 유물은 약 3만 점이다. 이렇게 많은 유물이 나온 것은 호수 안쪽의 진흙이 유물이 썩지 않고 원형을 보존하는 역할을 한 때문이다. 동궁과 월지에서 출토된 유물 중에는 목제 주령구(木製酒令具)라는 작은 주사위가 있다. 목제 주령구에서 '목제'는 재질이 나무라는 뜻이고, '주령구'는 술을 마실 때 놀이를 하기 위해 만든 주사위라는 뜻이다. 즉, 목제 주령구는 술을 마실 때 벌칙을 정하고자 던지는 주사위였다.

참나무로 만들어 흑칠(黑漆)을 한 주령구의 높이는 4.8cm로 손에 딱 잡히는 크기였다. 그런데 여느 주사위와는 달리 정육면체가 아니라 6면은 정사각형이었고 8면은 육각형인 14면체였다. 각 면에는 다음과 같은 벌칙 14개가 적혀 있다.

목제 주령구
주사위 14면에 각각 벌칙을 적어 놓아 신라 사람들의 놀이 문화를 엿볼 수 있다. 원품은 불타 없어졌고 이 복제품은 국립민속박물관에 있는 것이다.

삼잔일거三盞一去 : 술 세 잔을 한 번에 마시기

음진대소飮盡大笑 : 다 마시고 크게 웃기

임의청가任意請歌 : 마음대로 노래 청하기

자창자음自唱自飮 : 혼자 노래 부르고 혼자 마시기

금성작무禁聲作舞 : 노래 없이 춤추기

유범공과有犯空過 : 덤벼드는 사람이 있어도 가만히 있기

중인타비衆人打鼻 : 여러 사람 코 때리기

곡비즉진曲臂則盡 : 팔을 구부려 다 마시기

농면공과弄面孔過 : 얼굴 간지러움을 태워도 가만히 있기

월경일곡月鏡一曲 : 월경(月鏡: 노래 이름) 한 곡 부르기

자창괴래만自唱怪來晚 : 스스로 괴래만으로 부르기

공영시과空詠詩過 : 시 한 수 읊기

추물막방醜物莫放 : 더러워도 버리지 않기

양잔즉방兩盞則放 : 두 잔이 있으면 즉시 비우기

놀라운 것은 14면체인 이 주사위를 던지면 정다면체가 아님에도 불구하고 각 면이 나올 확률이 거의 같다는 것이다. 목제 주령구를 실제로 측정한 결과 정사각형의 한 변의 길이는 2.5cm이고 넓이는 6.25cm^{2}이다. 또 그림에서와 같이 한 변의 길이가 4.1cm인 정삼각형의 각 꼭짓점에서 0.8cm를 잘라 내면 긴 변이 2.5cm인 육각형을 만들 수 있다. 이 육각형의 최대 폭은 3.25cm이고, 높이는 2.8cm이며, 넓이는 약 6.265cm^{2}이다. 따라서 목제 주령구의 각 면이 나올 확률은 거의 $\dfrac{1}{14}$

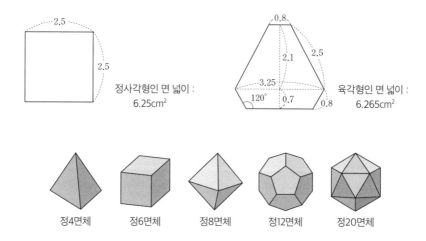

정사각형인 면 넓이 :
6.25cm²

육각형인 면 넓이 :
6.265cm²

정4면체   정6면체   정8면체   정12면체   정20면체

로 같음을 알 수 있다.

실제로 정다면체는 정4면체, 정6면체, 정8면체, 정12면체, 정20면체의 5개만 있다. 그런데 정다면체가 불가능한 14면체의 각 면의 넓이를 거의 비슷하게 만들어 각 면이 나올 확률도 비슷하게 만든 것으로 미루어 보아 신라인들의 수학 실력이 어땠는지 짐작할 수 있다.

그렇다면 신라인들은 확률이 거의 같은 주령구를 어떻게 만들었을까? 여러 가지 방법이 있겠지만 여기서는 정육면체를 이용하여 다음과 같은 차례로 만들어 보자.

❶ 한 변의 길이가 4.68cm(보다 정확히는 4.67cm)인 정육면체를 만든다.

❷ 정육면체의 각 모서리의 중점에서 0.5659cm(보다 정확히는 0.5657cm)씩 안으로 들어간 점을 택하고 이 점들을 다음 그림과 같이 연결한다.

❸ 정육면체의 8개의 각 꼭짓점에서 다음 그림의 색칠된 부분을 잘라 낸다.

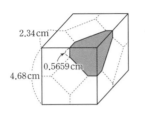

목제 주령구의 제작 기법

위와 같은 방법으로 만든 14면체의 전개도를 구하면 다음과 같고, 이 전개도를 이용하여 입체도형을 만들면 아래 그림과 같은 14면체를 얻을 수 있다.

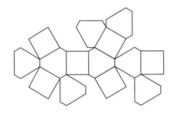

그런데 애석하게도 진짜 목제 주령구는 현존하지 않는다. 출토 직후 수분을 제거하고 보존하기 위해 자동으로 온도가 조절되는 특수 오븐에 하룻밤 동안 넣었는데, 오븐이 고장 나면서 온도가 과열되어 타버렸다고 한다. 그래서 현재 박물관에 전시된 목제 주령구는 보존처리를 하기 전에 주사위에 종이를 대고 실측을 해서 만든 전개도를 바탕으로 만든 복제품이다. 현대 기계를 사용하여 역사를 잘 보존하려던 시도가 오히려 해가 된 경우이다.

실제로 우리의 고대 유물들은 왕이나 귀족의 무덤에서 출토된 것이 많다. 이런 유물은 죽은 자를 위해 묻은 것으로 실생활에서 사용했던 물건과는 다르다. 그런데 동궁과 월지에서 출토된 수만 점의 유물은 부장품이 아니라 실생활용품이 대부분이다. 문고리, 옷걸이, 가위, 빗, 목간, 젓갈 제조일자 꼬리표를 비롯하여 실생활에서 사용했던 그릇 등 생활용품이 많이 나왔다.

유물 중에는 당시의 생활상을 이두로 쓴 목간(木簡)도 다수 출토되었다. 목간은 종이가 없거나 귀했던 시절에 얇고 긴 나무쪽에 문서나 편지 등을 써 놓은 것이다. 목간 중 오늘날의 출퇴근 카드와 같은 기능을 했던 문호목간(門號木簡)은 경비 인원을 궁문 별로 배치하고 점검할 때 사용한 것으로, 동궁의 건물 구조를 알 수 있는 중요한 단서가 기록되어 있다. 여기에는 그날그날 근무자의 실재 여부를 감독자가 직접 검사해서 경비의 이름 아래에 '있었다.'는 뜻의 '재(在)'자

이두는 삼국 시대에 한자의 음과 뜻을 빌려 우리말을 적은 표기법이다. 《제왕운기》 등에는 신라의 설총이 이두를 만들었다고 기록되어 있다. 이두로 한문에 없는 조사나 어미들도 표기했다.

보상화|寶相華

불교 미술에서 쓰이는 상상의 꽃으로, 천화(天花)이며 만다라화(曼茶羅花)이다. 보상화 무늬는 연꽃을 모체로 변형된 것인데, 화판을 층층으로 중첩시켜 화려한 색채와 장식성을 부가한 문양으로 표현된다. 이러한 보상화는 보는 이로 하여금 풍만하고 부유하며 화려한 감정을 느끼게 하며 보상화의 '보(寶)'자 역시 진귀함을 뜻하는 글자이다. 우리나라에서는 삼국 시대 고분벽화와 고분에서 나온 각종 장신구에서 보상화무늬가 보이기 시작하여 불교의 융성기인 통일 신라와 고려 시대에 이르러서 각종 불구와 사리용기, 석탑 등 불교 미술뿐 아니라 건축물의 기와와 전돌 등에 폭넓게 응용되었다. 이 같은 보상화는 불교적인 길상을 의미한다.

를 기록했다.

월지에서 출토된 유물 중에서 가장 많은 것은 기와와 벽돌 종류이다. 특히 '調露二年漢只伐君若小舍……三月三日作……(조로2년한지벌군약소사……3월 3일작, 조로2년 한지벌부 출신인 소사 벼슬의 군약이 3월 3일 만들었다.)'이라는 글이 새겨진 보상화 꽃무늬 수막새가 발견되었다. '조로'는 당 고종이 사용한 연호로 조로 2년은 680년이다. 이는 문무왕이 임해전을 만들었다는《삼국사기》의 기록 연도와 맞아 떨어진다.

조로2년 문자 새김 벽돌
경주 월지에서 출토되었다. 월지에서 출토된 벽돌은 대부분 윗면에 보상화 무늬가 새겨져 있는데, 이 무늬가 통일 신라 초기에 매우 성행했음을 알 수 있다. 국립경주박물관

암막새, 수막새 같은 기와에는 당초, 새, 연꽃, 도깨비 등 다양한 무늬가 새겨져 있다. 그런데 신라 기와 하면 가장 먼저 떠오르는 것은 '신라의 미소'로 더 유명한 '경주 얼굴무늬 수막새'이다. 수막새는 목조 건축 지붕의 처마 끝을 마감하는 치장용 기와이다. 수막새에는 대부분 장식 무늬가 새겨져 있는데, '신라의 미소'에는 웃는 사람의 모양이 새겨져 있다. 비록 오른쪽 아래 일부분이 사라졌지만 여러 가치를 인정 받아 보물로 지정되었다.

'신라의 미소'와 같이 둥근 모양의 깨진 유물은 삼각형의 외심을 이용하면 둥근 모양을 복원할 수 있다. 수학을 이용하여 깨진 수막새를 복원하려면 수직이등분선의 작도 방법과 삼각형의 외심을 이해해야 한다. 먼저 주어진 선분의 수직이등분선의 뜻과 작도하는 방법을 알아보자.

수직이등분선이란 하나의 선분을 똑같은 길이로 이등분하면서 그 선분과 수직으로 만나는 선을 말한다. 선분 AB의 수직이등분선을 컴퍼스를 이용하여 다음과 같이 작도할 수 있다.

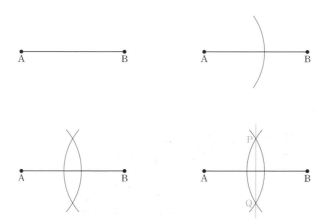

❶ 컴퍼스를 적당히 벌려서 점 A를 중심으로 하는 원을 그린다.

❷ ❶에서 벌린 컴퍼스를 그대로 이용하여 점 B를 중심으로 하는 원을 그린다.

❸ 두 원이 만나는 점을 각각 P와 Q라 하자. 이때 두 점을 이은 선분 PQ가 선분 AB의 수직이등분선이다.

이제 삼각형의 외심에 대하여 알아보자.

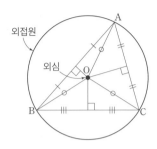

외접원

외심

그림과 같이 삼각형 ABC에 대하여 점 O를 중심으로 하고 $\overline{OA}$를 반지름으로 하는 원을 그리면 이 원은 세 꼭짓점 A, B, C를 지난다. 이때 원 O는 삼각형 ABC에 외접한다고 하며, 원 O를 삼각형 ABC의 외접원이라고 한다. 또 점 O를 삼각형 ABC의 외심이라고 한다. 그리고 외심의 가장 중요한 성질은 삼각형 ABC의 세 변의 수직이등분선은 한

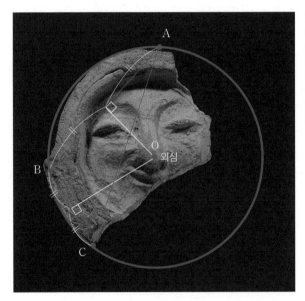

경주 얼굴무늬 수막새
일제 시대에 일본으로 반출되었다가 1972년 국내로 돌아왔다. 손으로 직접 빚은 것으로, 아래쪽 부분이 없지만 잔잔한 미소를 띤 모습이 인상적이다. 국립경주박물관

점 O에서 만나고 O에서 세 꼭짓점에 이르는 거리는 같다는 것이다. 즉, 외심은 삼각형의 세 변의 수직이등분선으로 구할 수 있다는 것이다.

삼각형의 외심을 이용하면 '신라의 미소'와 같이 깨진 수막새의 모양을 다음과 같은 순서로 복원할 수 있다.

❶ 호 위의 세 점 A, B, C를 정하고, 삼각형 ABC를 만든다.
❷ 삼각형 ABC의 외심 O를 찾는다.
❸ 점 O를 중심으로 하고, 선분 OA를 반지름으로 하는 원을 그린다.

이와 같은 방법으로 조각만 남아 있는 유물도 원래의 모양으로 복원할 수 있으니 수학의 힘은 놀랍기만 하다.

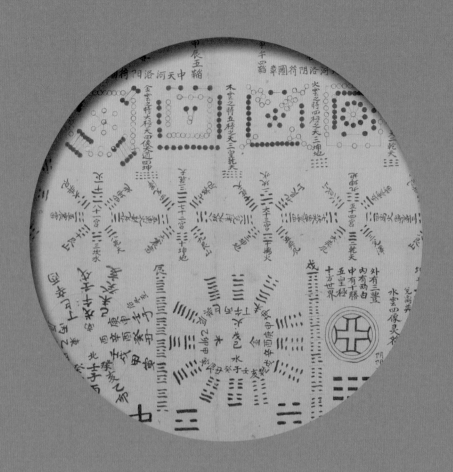

고려 건국 설화에 담긴 풍수지리 :
음양오행과 여러 진법

고려 건국 설화에서는 풍수지리로 왕권을 신성화하고 있다. 풍수지리의 근본에는 음양오행과 십
간십이지가 있다. 음양오행에는 2진법과 5진법, 십간십이지에는 10진법, 12진법, 60진법이 모두
사용된다. 이를 통해 선조들이 여러 진법을 자유자재로 사용했음을 알 수 있다. 현재 우리가 사용
하는 진법은 10진법이다.

고려 건국 설화와
중세의 과학이었던 풍수지리

신라는 삼국을 통일한 뒤 약 100
년 동안 중앙 집권이 강화되고 관

료 정치가 뿌리를 내리면서 평화와 번영을 누렸다. 그런데 8세기 후반
혜공왕부터 약 150년간 왕이 수십 명 교체되는 반란의 시대가 이어
졌다. 처음에는 중앙 귀족들이 반란을 일으켰고 나중에는 지방 호족들
의 반란으로 이어졌으며, 호족은 점점 막강해지기 시작했다. 세력이 큰
호족들은 스스로를 왕이라고 칭하며 후백제, 후고구려 같은 나라를 세
웠다. 신라, 후백제, 후고구려가 함께 있던 이 시기를 후삼국 시대라고
한다. 후고구려를 세운 궁예의 부하이자 송악(지금의 개성)의 호족 왕건이
고려를 건국하고 후삼국을 통일했다.

전근대 시대 왕조 창건자에게는 그럴듯한 건국 신화나 설화가 따
른다. 고려 태조 왕건의 조상에 대해서도 여러 얘기가 전한다. 왕건의
조상인 강충이 지금의 개성 부소산 근처에 살고 있었다고 한다. 어느 날
지관이 와서 사는 곳을 산 남쪽으로 옮기고 산에 소나무를 심으면 삼한
(三韓)을 통일하는 자가 태어날 것이라고 했다. 강충이 그 예언에 따랐
고, 그곳의 이름을 송악이라 불렀다.

왕건의 아버지 왕융은 송악의 부유한 호족이었다. 왕융은 꿈속에서
본 한씨라는 미인을 현실에서 만나 결혼했고, 송악 남쪽에 집을 짓고 살
았다. 유명한 승려 도선이 왕융의 집 앞을 지나다가 '어찌하여 기장을
심을 터에 삼을 심었단 말인가?'라고 말했다. 왕융의 부인이 이 말을 듣
고 전하자 왕융은 놀라서 버선발로 뛰어가 도선에게 어찌해야 할지 알
려 달라고 했다. 그러자 도선은 왕융에게 자신이 이르는 대로 집을 지으

101

고려 태조 왕건
918년에 고려를 세워 왕이 된 뒤 신라를 아우르고 후백제를 쳐서 후삼국을 통일했다. 태조 왕건의 영정은 북한 개성 만월대에서 전시되었던 것이다.

면 슬기로운 아이를 얻을 것이고, 아이를 낳으면 이름을 왕건이라고 지으라고 했다. 그리고 봉투를 만들어 겉에 '삼가 글을 받들어 백 번 절하면서 미래에 삼한을 통합할 주인 대원군자를 당신에게 드리노라.'라고 써 주었다.

왕융이 도선이 시킨 대로 집을 짓자 아내 한씨에게 태기가 있었고 877년 1월에 아들이 태어났다. 도선이 말한 대로 아들의 이름을 왕건이라 지으니 그가 바로 고려 태조였다. 왕건이 17세가 되었을 때 도선이 다시 찾아와 하늘의 뜻을 전하면서 병법과 천문의 이치 등을 가르쳐 주었고, 마침내 왕건은 고려를 건국하게 되었다고 한다.

고려 건국 설화의 큰 특징은 풍수지리라는 중세의 과학을 통해 왕권을 신성화한다는 점이다. 풍수지리는 우주와 대자연, 인간이 세운 각종 건축물, 이런 환경 속에서 살아가는 인간의 삶을 하나의 유기체처럼 생각한다. 이런 유기체의 생명 원리는 엄격한 질서 체계를 유지하며 거시 세계와 미시 세계에서 동일한 원리로 반복 적용되기 때문에 그 원리는 복잡한 수적 체계로 표현된다는 것이 풍수지리의 요점이라 할 수 있다.

풍수지리 사상의 근본과 여러 진법들

풍수지리의 근본에는 음양오행(陰陽五行)과 십간십이지(十干十二支)가 있다. 음양오행 사상은 중국의 춘추 시대 제(齊)나라의 아사달족(阿斯達族) 출신인 추연(鄒衍)이 발전시켜 제자백가(諸子百家)의 하나가 되었다. 음양오행에서 음양은 태극(太極)으로부터 시작된다. 태극은 우주의 모든 것이 비롯되는 시작점으로 천지가 생기기 전의 상태를 무극(無極), 한 기운이 비로소 생겨난 것을 태극이라고 한다. 태극은 하나에서 둘로 나누어 변화하며 양과 음이 생기는데, 오른쪽 그림은 태극의 양과 음이 서로 순환하는 그림이다. 태극의 양과 음의 한 가운데에는 작은 원이 각각 그려져 있는데, 음의 기운 한

태극

가운데에서 양이 발생하며 양의 극대는 결국 음으로 변화함을 의미한다. 이로부터 음양사상이 출발했다.

동양의 음양 사상은 독일의 수학자 라이프니츠(Leibniz, Gottfried Wilhelm)가 서양에 소개했다. 라이프니츠는 음양 사상을 0과 1로 바꾸어 2진법으로 동양 철학을 이해하려 했다. 신을 1로, 무(無)를 0으로 나타낼 수 있다고 생각하고, 2진법에서 모든 수가 0과 1로 표현되는 것과 같이 신은 무로부터 모든 것을 창조했다고 추측하였다.

　풍수지리에서는 우주의 움직임이 음양을 기본으로 오행(五行)의 법칙에 의해서 이루어진다고 생각한다. 오행이란 우주를 구성하는 목(木), 화(火), 토(土), 금(金), 수(水)의 5가지 원소의 운행 법칙이다. 그런데 서양의 4원소가 물질을 구성하는 근본 요소인데 비해 오행은 5가지 작용 에너지이다. 오행은 스스로 작용하여 나무(木)는 불(火)을 살리고, 불은 타고 나면 재가 되고 다시 흙(土)이 된다. 흙은 오랫동안 눌리고 다져져서 돌이 되고 다시 쇠(金)가 되며, 돌이나 쇠가 있으면 차가운 기운이 생기고 이 기운으로 이슬과 같은 물(水)이 생긴다. 또한 물이 있어야 나무(木)가 살 수 있다. 이와 같은 관계를 상생(相生)이라 한다. 그런데 불은 물로 끌 수 있고, 쇠는 불로 제련할 수 있다. 또 흙으로 물을 막을 수 있다. 이와 같은 관계를 상극(相剋)이라 한다. 그림은 오행의 상생과 상극, 오행 각각이 품고 있는 색을 나타낸 것이다.

　음양오행은 음과 양, 그리고 목·화·토·금·수 다섯 가지가 쉬지 않고 움직여 삼라만상과 인생 여정에서 길흉화복을 변하게 하는 요소가 된다는 것이다. 사실 음양오행은 수학의 2진법과 5진법이라고 할 수 있다. 그리고 음과 양 두 개의 기본 요소에 의하여 사방(四方)이 생기고 8괘(八卦)가 된다. 8괘는 건(乾), 태(兌), 이(離), 진(震), 손(巽), 감(坎), 간(艮), 곤(坤)이고, ━은 양, ━ ━은 음을 나타낸다.

이와 같은 8괘에서 ━은 1로, ━ ━은 0으로 표현하여 이진법으로 바꾼다. 즉, 건은 ☰이므로 $1 \times 2^2 + 1 \times 2 + 1 = 7$이고, 태는 ☱이므로 $1 \times 2^2 + 1 \times 2 + 0 = 6$이며, 이는 ☲이므로 $1 \times 2^2 + 0 \times 2 + 1 = 5$이다. 이와 같은 방법으로 나머지가 차례대로 4, 3, 2, 1, 0을 나타낸다는 것을 알 수 있을 것이다.

	건(乾)	태(兌)	이(離)	진(震)	손(巽)	감(坎)	간(艮)	곤(坤)
2^0	━	━ ━	━ ━	━	━ ━	━ ━	━	━ ━
2^1	━	━	━ ━	━	━	━	━ ━	━ ━
2^2	━	━	━	━ ━	━ ━	━ ━	━ ━	━ ━
계산식	$1 \times 2^0 +$ $1 \times 2^1 +$ 1×2^2	$0 \times 2^0 +$ $1 \times 2^1 +$ 1×2^2	$1 \times 2^0 +$ $0 \times 2^1 +$ 1×2^2	$0 \times 2^0 +$ $0 \times 2^1 +$ 1×2^2	$1 \times 2^0 +$ $1 \times 2^1 +$ 0×2^2	$0 \times 2^0 +$ $1 \times 2^1 +$ 0×2^2	$1 \times 2^0 +$ $0 \times 2^1 +$ 0×2^2	$0 \times 2^0 +$ $0 \times 2^1 +$ 0×2^2
합계	7	6	5	4	3	2	1	0

※ ━ =1, ━ ━ =0으로 계산

어쨌든, 8괘가 64괘가 되고, 다시 $64 \times 64 = 4096$이 되며, 마지막으로 $4096 \times 4096 = 16,777,216$개의 수리(數理)가 나타나게 된다. 여기에 천간(天干)과 지지(地支)가 있어 이들 사이의 오묘한 조화를 수리로 풀 수 있다. 천간은 갑(甲), 을(乙), 병(丙), 정(丁), 무(戊), 기(己), 경(庚), 신(辛), 임(壬), 계(癸)이고, 지간은 자(子, 쥐), 축(丑, 소), 인(寅, 호랑이), 묘(卯, 토끼), 진(辰, 용), 사(巳, 뱀), 오(午, 말), 미(未, 양), 신(申, 원숭이), 유(酉, 닭), 술(戌, 개), 해(亥,

돼지)로 천간의 첫 글자인 '갑'과 지지의 처음 글자인 '자'를 합하여 '갑자'를 시작으로 차례대로 진행하여 육십 개가 조합된 것을 '육십갑자' 또는 '육갑'이라고 한다. 우리가 흔히 환갑(環甲) 또는 회갑(回甲)이라고 하는 만으로 60번째 생일은 이런 의미에서 다시 처음으로 돌아온 것이므로 1갑자라고 한다. 이는 바로 10진법의 천간과 12진법의 지간을 이용하여 60진법을 만들어 낸 것이다. 10개의 천간과 12개의 지간이 60을 이루는 것은 10과 12의 최소공배수가 60이기 때문이다.

한편 10천간과 12지지는 음양오행과 융합한다. 이를테면 '갑자'에서 '갑'은 음양의 양, 오행의 목에 해당한다. '자'는 음양의 양, 오행의 수에 해당한다. 다음 그림은 10천간과 12지지가 융합하는 음양과 오행을 나타낸 것이다.

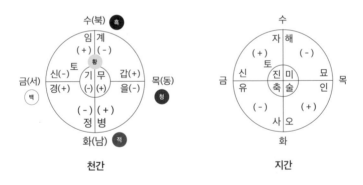

천간   지간

위의 그림으로부터 10천간과 12지지 각각이 지니고 있는 의미와 색깔, 서로 간의 상생과 상극 등도 알아볼 수 있다. 예를 들어 갑은 양목이므로 큰 나무와 오래된 나무를 뜻하며 색은 청색이다. 그리고 을은 음목이므로 작은 나무와 새로 피어나는 나무 등으로 해석하면 된다. 또한 양토는 부드러운 흙을, 음토는 물기를 먹고 있는 흙을 상징하고, 옛날부터 흙은 재산을 의미하기도 한다. 또 동물들도 나름대로 특색이 있는데 이러한 특색이 그대로 인간에게 적용되는 것이다.

앞에서 살펴본 것처럼 음양오행과 10천간 12지지에는 2진법, 5진법, 10진법, 12진법, 60진법이 모두 사용되고 있다. 우리 선조들은 인류가 만들어 낸 거의 모든 진법을 자유자재로 사용하고 있었던 것이다. 여러 진법 중에서 10진법은 우리 조상을 비롯 대다수 민족이 사용했고, 현재도 가장 많이 쓰인다. 그 이유는 아주 간단하다. 우리의 손가락이 열 개이기 때문이다. 만약 손가락의 개수가 7개 또는 9개였다면 아마도 7진법이나 9진법을 썼을 것이다.

60진법은 동양뿐만 아니라 고대 바빌로니아에서도 쓰였으며, 유럽에서도 17세기까지 흔히 사용했다. 그런데 옛사람들은 왜 간편하고 자연스러운 10진법을 사용하지 않고 까다롭고 부자연스러운 60진법을 사용하였을까? 확실한 이유는 알 수 없지만 다음과 같이 추측하는 사람이 많다.

10이라는 수는 60에 비하여 융통성이 덜한 수이다. 두 수의 약수를 생각하면 10에는 2와 5 두 개의 약수가 있지만, 60에는 2, 3, 4, 5, 6, 10, 12, 15, 20, 30 등 모두 10개의 약수가 있다. 실생활에서는 어떤 수를 2, 3, 4, 5 등의 수로 나눌 필요가 많이 발생한다. 간단한 예로, 오늘날 4로 나누는 용어를 쿼터(quarter)라 하여 많이 사용하고 있는데, 4는 10을 나눌 수 없으나 60을 나눌 수는 있으므로 10진법보다는 60진법이 소수의 복잡한 계산을 피하는데 유용하다. 60진법을 사용한 가장 큰 이유는 소수로 나타낼 수 있는 분수의 가짓수가 10진법의 경우보다 많다는 이유 때문일 것이다. 실제로 어떤 구간이 주어지면 이 구간을 10등분하여

$$0.1, 0.2, 0.3, \cdots, 0.9, 1$$

등을 만들 수 있고, 등분된 각각의 작은 구간을 다시 10등분하면

$$0.01, 0.02, \cdots, 0.09, 0.1$$

을 얻는다. 이와 같은 방법으로 계속해 나가면 우리는 분수로 표현된 수를 소수로 고칠 수 있게 된다. 그러나 불행하게도 이런 식의 분해는 간단한 소수인 $\frac{1}{3}$조차도 나타낼 수 없다. 그 이유는 3은 10의 약수가 아니기 때문인데, 실제로 십진법으로 $\frac{1}{3}$을 소수로 나타내면 $\frac{1}{3}=0.33333\cdots$와 같이 숫자 3이 무한히 계속된다. 그러나 60진법으로 나타낸다면 20이 60의 $\frac{1}{3}$이므로 0.20;와 같이 간단히 나타낼 수 있다.

여기서 세미콜론(;)은 60진법으로 수를 나타낼 때 두 자리 숫자까지 나올 수 있으므로 숫자의 자리를 표현한 것이다.

현재 우리가 사용하고 있는 십진법은 10을 주기로 한다. 그래서 10은 우리의 인체뿐만 아

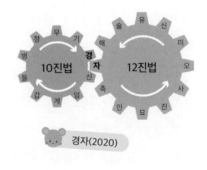

60진법으로 정해지는 연도 이름

니라 자연의 논리에서 쉽게 발견할 수 있는 완전함을 나타내는 수이다. 하지만 풍수지리에서는 이에 상응하는 것으로 12를 이용한다. 즉, 12지지의 반복으로 1년을 12개 달과 24절기, 하루를 24시간으로 나눈다. 또 풍수지리에서는 우리가 사용하는 동서남북의 4방위 또는 8방위 대신에 팔괘의 방위를 각각 3등분한 24방위 즉 이십사산(二十四山)을 사용한다. 이때 방위를 살피는 도구로 나경(羅經)을 사용한다.

이십사산은 12지지, 8괘 중에서 하늘, 땅, 산, 바람을 각각 나타내는 건, 간, 손, 곤의 4괘, 그리고 10천간 중에서 기와 무를 제외한 8천간으로 구성되어 있다. 8천간만 사용하는 것은 기와 무가 오행의 토에 해당하므로 땅을 상징하여 중앙에 위치하기 때문이다. 12지지는 동서남북

팔괘방위도

윤도(輪圖)
방위를 측정하는 데 쓰였던 도구이다. 윤도는 나침반 위에 있는 바큇살 모양의 도표라는 뜻이다. 한 복판에 나침반이 있고 여러 층의 원들과 바큇살 모양의 직선들이 만나는 지점에 방위 표시의 한자들이 쓰여 있다. 국립민속박물관

나경(羅經)의 방위를 나타내는 이십사산(二十四山)

8방	부호	24산	근간	각도	음양	4국	비고
北	N1	임(壬)	천간	337.5~352.5	양		감(坎) 水 東四宅
	N2	자(子)	지지	352.5~7.5	음	水	
	N3	계(癸)	천간	7.5~22.5			
北東	NE1	축(丑)	지지	22.5~~37.5	음	金	간(艮) 陽土 西四宅
	NE2	간(艮)	팔괘	37.5~52.5	양		
	NE3	인(寅)	지지	52.5~67.5		火	
東	E1	갑(甲)	천간	67.5~82.5	양		진(震) 陽木 東四宅
	E2	묘(卯)	지지	82.5~97.5	음	木	
	E3	을(乙)	천간	97.5~112.5			
南東	SE1	진(辰)	지지	112.5~127.5	음	水	손(巽) 陰木 東四宅
	SE2	손(巽)	팔괘	127.5~142.5	양		
	SE3	사(巳)	지지	142.5~157.5		金	
南	S1	병(丙)	천간	157.5~172.5	양		리(離) 火 東四宅
	S2	오(午)	지지	172.5~187.5	음	火	
	S3	정(丁)	천간	187.5~202.5			
南西	SW1	미(未)	지지	202.5~217.5	음	木	곤(坤) 陰土 西四宅
	SW2	곤(坤)	팔괘	217.5~22.5	양		
	SW3	신(申)	지지	232.5~247.5		水	
西	W1	경(庚)	천간	247.5~262.5	양		태(兌) 陰金 西四宅
	W2	유(酉)	지지	262.5~277.5	음	金	
	W3	신(辛)	천간	277.5~292.5			
北西	NW1	술(戌)	지지	292.5~307.5	음	火	건(乾) 陽金 西四宅
	NW2	건(乾)	팔괘	307.5~322.5	양		
	NW3	해(亥)	지지	322.5~337.5		木	

의 4정위(正位)와 4괘의 양쪽에 각각 사용되어 12방위를 나타낸다. 24방위에 12지지가 모두 사용된 것은 땅의 기운의 중요성 때문이라고 한다.

표에서 보듯이 풍수지리에서 사용하는 24방위는 시간, 공간, 계절, 기후의 개념을 내포한 땅의 기운과 하늘의 기운의 작용에 대한 또 다른 상징체계이다.

위와 같은 개념을 활용하여 도선은 왕융에게 장차 천자가 태어날 기운을 가진 땅과 집의 위치를 정해 주었던 것이다.

동양의 음양오행 사상이 현실적으로 가장 잘 접목되어 복잡한 수학적 해석을 필요로 했던 학문은 역(易)이고, 이를 가장 잘 설명한 책은 《주역》이다. 《주역》은 사서삼경 중의 하나로 우주 만물의 오묘한 변화를 수학적으로 풀이해 놓은 책이다. 풍수지리는 사주와 마찬가지로 기본적으로 역(易)에서 출발하였다. 그리고 역은 '변한다.'라는 뜻을 내포하고 있기 때문에 자신의 노력으로 얼마든지 운명을 바꿀 수 있다. 이를테면 왕건이 고려를 세울 수 있었던 것은 타고난 운명과 풍수지리가 아니고 자신의 끊임없는 노력의 결과인 것이다.

과거제를 도입한 고려 광종 :
고려의 수학 고시 문제

과거 제도는 고려 광종 때부터 조선 말까지 시행되었고, 과거로 배출된 인재들은 고려와 조선 통치 체제의 근간이 되었다. 과거 시험에는 산학 과목도 있었다. 산학자들은 《구장산술》, 《양휘산법》, 《산학계몽》 같은 수학책에 나오는 문제와 답, 풀이 등을 통째로 모두 암기하고 응용해 산학 시험을 치렀다고 한다.

고려 태조가 세상을 떠나자 둘째 왕후인 장화 왕후가 낳은 혜종, 셋째 왕후인 신명 왕후가 낳은 정종이 차례로 왕위에 올랐다. 하지만 호족들 간의 치열한 권력 투쟁으로 혜종과 정종 모두 일찍 세상을 떠났다. 정종의 뒤를 이어 그의 아우 광종이 즉위했다. 광종은 27년간 장기 집권하면서 호족들에게 휘둘리던 왕권을 바로 세우고 관료 정치를 진작시키고 민생을 안정시키는 정책을 과감하게 단행했다.

광종이 재위하던 당시 중국은 5대 10국의 혼란기여서 중국에서 많은 지식인이 고려로 망명해 왔다. 광종은 그들을 관료로 등용했는데, 특히 후주(後周)에서 귀화한 쌍기의 건의를 받아들여 958년부터 과거를 도입한 것은 매우 획기적인 개혁이었다.

관리를 선발하는 방법에는 스스로 자신을 추천하는 자천과 다른 사람이 추천해 주는 타천이 있었다. 자천에는 과거와 취재(取才)가 있었고, 타천에는 음서(蔭敍)와 천거(薦擧)가 있었다. 과거는 능력으로, 음서는 혈통으로 관리를 뽑는 방법이었다. 음서제는 5품 이상 관료의 아들, 손자, 사위, 조카 가운데 한 사람을 시험을 거치지 않고 낮은 직급의 관리로 등용하는 것이다. 음서로 관리가 된 사람 중에서 고관이 된 경우도 있었지만 고관의 대부분은 과거에 급제한 사람들이었다. 과거제가 도입되면서 왕권을 위협하던 호족 출신의 무장들을 대신하여 국왕에 충성하는 문신들이 관료 기구에 편입되었다. 이로써 왕에게 충성하는 문신 관료들에 의한 문치주의적 사회로 옮겨 가며 보다 발전된 사회로 나아가기 시작했다.

과거는 외교 문서나 임금의 교서 등 행정 실무에 필요한 문학적 재능을 시험하는 제술업(製述業), 윤리와 정치 이념에서 요구되는 유교 경전에 대한 지식을 시험하는 명경업(明經業), 법률·산술·의학·점복·풍수지리 등 실용적인 지식을 시험하는 잡업(雜業)의 세 가지를 시행했다. 제술업은 명경업보다 많이 선발했는데, 고려 시대를 통틀어 제술업 급제자는 약 6천 명이었던 반면에 명경업은 약 450명이었다. 무관을 뽑던 무과(武科)는 공양왕 때 처음 실시되었다. 고려의 뛰어난 장군으로 알고 있는 강감찬이나 윤관 등은 무과가 아닌 문과의 과거 시험을 치른 문신이었다. 이처럼 군대의 최고 지휘권도 문신이 갖고 있을 정도로 문신을 우대한 반면 무신을 낮춰 봤다.

과거에 응시할 자격은 노비와 같은 천민을 제외한 일반 평민 이상 신분이면 가능했는데, 실제는 기성 관료의 자제나 호장급 이상의 향리층에서 급제자가 많이 나왔다. 지방의 향학(鄕學)이나 개경의 국자감(國子監) 또는 은퇴한 고관들이 만든 사립학교에서 공부한 사람이 아니면 과

고려의 사립학교 사학 12도

고려 시대 사립학교는 개경에 12개가 있었다. 이를 사학 12도(私學十二徒)라고도 한다.
12도에서 '도(徒)'라는 말은 이름난 학자 밑에서 배우는 제자를 이르는 말이다.
사립학교 대부분은 과거 시험관을 지낸 이름난 학자들이 세웠다. 그래서 이들 사립학교에서 가르친 내용도 9경(9가지 경전)과 3사(세 가지 역사서), 제술 같은 과거 시험과 관련된 것이었다. 국립대학인 국자감보다 사립학교에서 과거 급제자가 많아지자 학생들이 많이 몰려들었다.
사학 12도에는 고려 전기의 유학자인 최충이 세운 문헌공도를 비롯해 광헌공도, 남산도, 문충공도, 서시랑도, 서원도, 양신공도, 정경공도, 정헌공도, 충평공도, 홍문공도, 귀산도가 있다.

거에 급제하기 힘들었기 때문이다. 기술관을 뽑는 잡업의 과거 시험도 국자감에서 잡학을 공부하지 않으면 급제하기 어려웠을 것으로 추측된다.

**고려 시대의 수학 고시,
명산과**

과거를 통해 인재를 뽑기 위해서는 그들을 교육시킬 학교가 있어야 했다. 고려에는 크게 국립학교와 사립학교가 있었는데, 국립학교는 개경의 국자감이 최고 교육 기관이었고, 지방에는 향학이 있었다. 국자감은 처음엔 국자학(國子學), 태학(太學), 사문학(四門學)의 유학 과정만 있었으나 그 뒤 인종 때 경사육학(京師六學)이라 하여 국자학, 태학, 사문학, 율학, 서학, 산학의 여섯 분야로 나누어 가르쳤다. 이중 율학, 서학, 산학

고려 성균관 명륜당
북한 개성에 있는 성균관 건물 중 하나이다. 성균관은 고려 말에 국립대학인 국자감을 고쳐 부른 것이다. 현재의 건물은 조선 중기에 재건한 것으로, 강학 구역인 명륜당을 비롯해 학생들의 숙소인 동재와 서재, 공자를 제사 지내던 대성전, 이름난 유학자들을 제사 지내던 동무와 서무가 있다. 현재는 고려박물관으로 쓰이고 있다. 국립중앙박물관 제공

같은 잡학은 8품 이하의 관료와 평민의 아들도 배울 수 있었다.

국자감의 최대 수업 연한은 유학은 9년, 잡학의 율학은 6년이었다. 서학과 산학에 대한 연한은 찾아볼 수 없으나 역시 6년이었을 것으로 추측된다.

그런데 국자학, 태학 같은 유학을 배우고자 국자감에 입학한 학생은 반드시 산학을 배우도록 했다. 이는 산학을 예(禮, 예법), 악(樂, 음악), 서(書, 글쓰기), 어(御, 말타기), 사(射, 활쏘기), 수(數, 셈하기)의 육예(六藝)의 하나로 여겨 사대부 교양으로 삼기 위해서였던 것으로 여겨진다.

아쉽게도 고려 시대 산학의 교육 내용에 대하여 구체적으로 알려 주는 문헌은 아직까지 발견되지 않았다. 하지만《고려사》에 산학 시험인 명산과(明算科)에 대해 다음과 같은 기록이 남아 있다.

명산과는 이틀에 걸친 시험에서 수학책의 내용을 출제하여 답안을 작성하게 한다. 첫날에는《구장산술九章算術》열 문제, 둘째 날은《철술綴術》네 문제,《삼개三開》세 문제,《사가謝家》세 문제를 모두 풀게 한다. 또《구장산술》의 내용을 암송하고 그 이치를 설명하는데, 각 시험관마다 여섯 문제씩 물어 보는데, 그에 대답을 하고 그중 네 명을 통과해야 한다.《철술》은 네 조에 걸친 암송 중 2조에서 질의를, 그리고《삼개》3천에서 2조의 질의를,《사가》3조 중 2조의 질의에 답해야 한다.

시험은 이틀에 걸쳐 실시되었고, 시험 문제는 첫날은《구장산술》, 둘째 날은《철술》,《삼개》,《사가》중에서 출제되었음을 알 수 있다. 이로 미루어 고려 시대 수학의 중심이 《구장산술》이었음을 짐작할 수 있다. 오늘날 《구장산술》의 내용은 알 수 있지만 《철술》, 《삼개》, 《사가》가 어떤 내용인지는 정확히 알 수 없다.

《구장산술》은 중국 전한(前漢) 때 편찬된 수학책으로 추정하는데 원

저자는 정확히 알 수 없지만, 중국 삼국 시대 위나라 사람인 유휘가 주석을 붙여 펴냈다. 조조의 신하였던 유휘는 원을 작게 나누는 방법으로 원주율을 구한 수학자이다. 특히 피타고라스 정리를 오른쪽 그림과 같이 그림을 이용해 증명하기도 했다. 직각삼각형의 빗변을 한 변으로 하는 큰 정사각형에서 색이 같은

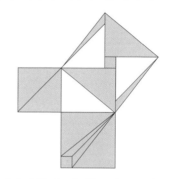

것끼리 오려 붙이면 나머지 두 개의 작은 정사각형이 된다는 것으로부터 $a^2+b^2=c^2$임을 증명한 것이다.

《구장산술》은 당시 관리들에게 필요했던 수학 지식을 주로 모아 놓은 책이다. 총 9장으로 방전(方田), 속미(粟米), 쇠분(衰分), 소광(小廣), 상공(商工), 균륜(勻輸), 영부족(盈不足), 방정(方程), 구고(句股) 9개 장에 모두 246개 문제가 실려 있다. 각각의 문제에 대한 답은 있지만 증명은 찾아볼 수 없고 주로 문제, 답, 풀이의 차례로 나타나 있다. 각 장의 내용과 간단한 문제를 통해 고려 시대 과거 시험이 어떠했는지 엿보기로 하자. 그

런데 지금과는 표현과 단위 등 여러 가지가 다르므로 여기서는 가장 간단한 문제만 알아보자.

우선 제1장인 '방전' 장은 논밭의 측량 문제를 다루고 있다. 여기서 방전이란 사각형 모양의 논밭을 뜻한다. 그러나 이 장에서는 사각형의 논밭 문제뿐만 아니라 삼각형, 사다리꼴, 원형, 반원형, 부채꼴 심지어 도넛형의 문제까지 있다. 여기서 흥미로운 사실은 원주율을 3으로 사용했다는 것이다. 또한 방전 장에는 간단한 분수 계산도 나온다. 특히 유클리드의 호제법과 같은 방법으로 최대공약수를 구하는 방법이 나온다.

모두 38문제가 있는 방전 장의 26번째 문제와 답은 다음과 같다.

지금 직각삼각형 모양의 밭이 있다. 밑변은 $5\frac{1}{2}$보이고 높이는 $8\frac{2}{3}$보이다. 이 밭의 넓이는 얼마인가?

답 : $23\frac{5}{6}$보

제2장은 46문제가 수록되어 있는 '속미' 장이다. 속미란 껍질을 벗기지 않은 조를 이른다. 이 장은 곡물을 교환할 때의 계산법을 다루고 있으며 비례 문제가 있다. 예를 들면 문제 32와 답은 다음과 같다.

160전을 버고 기와 18장을 샀다면 기와 1장은 얼마인가?

답 : 기와 1장에 $8\frac{8}{9}$전

제3장인 '쇠분' 장은 고저의 차이가 있는 급료나 조세를 다루며 나타

나는 비례 관계를 계산하는 법을 다루고 있다. 쇠분이란 물건을 똑같이 나누는 것이 아니라 차등을 두고 나눈다는 뜻이다. 이 장에는 모두 20 문제가 있고, 20번째 문제와 답은 다음과 같다.

1000천을 빌릴 때 한 달 이자는 30천이다. 지금 어떤 사람에게 750천을 빌리고 9일 **만**에 되갚았다면 그 이자는 얼마인가?

답 : $6\frac{3}{4}$천

제4장인 '소광' 장은 넓이 또는 부피를 구하는 문제를 다룬다. 여기서 소광이란 줄이거나 늘인다는 뜻이다. 이 장에는 모두 24문제가 있다. 문제 중에는 정사각형의 한 변의 길이를 구하는 문제로 오늘날의 제곱근을 구하는 것과 같은 문제도 있다. 다음은 15번 문제와 답이다.

넓이가 $564752\frac{1}{4}$인 정사각형이 있다. 그 한 변의 길이는 얼마인가?

답 : $751\frac{1}{2}$

모두 28문제가 있는 제5장인 '상공' 장은 주로 토목 공사의 공정 문제를 다룬다. 성을 축조하거나 도랑을 파거나 하려면 우선 토사의 양, 즉 각종 입방체의 부피를 계산할 필요가 있다. 여기서 다루는 입방체는 원통, 원기둥, 원뿔, 사각뿔, 각뿔대 등 여러 모양이고 그들 부피를 모두 정확하게 계산하고 있다. 상공 장의 7번 문제와 답은 다음과 같다.

지금 개천을 팠다. 위 폭 1장 8척, 아래 폭 3척 6촌, 깊이 1장 8척, 길이 51824척이다. 개천의 부피는 얼마인가? 또 가을철 하루 일인당 일일량은 300척이다. 고용해야 할 인부의 수는 몇 명인가? 또 이 일에서 인부가 1천 명만 먼저 도착했다. 어느 정도 길이의 개천만 떠맡으면 되겠는가?

답 : 부피는 10074585척 6촌, 인부 33582인이 일하면 14척 4촌의 일량이 남는다. 담당할 개천의 길이는 154장 3척 2$\frac{8}{81}$촌

풀이 : 일인당 일일량과 먼저 도착한 인부의 수를 곱하여 피제수로 한다. 개천의 위아래 폭을 더하여 반으로 나눈 뒤 여기에 깊이를 곱하여 제수로 한다. 피제수를 제수로 나누어 할당해야 할 길이를 구한다.

조세의 운반과 관련된 28문제가 있는 제6장인 '균수' 장은 백성에 대한 부역을 어떻게 공평하게 부과할 것인가를 다루고 있다. 이 장의 6번 문제와 답은 다음과 같다.

지금 급여로 조 2섬을 받기로 한 사람이 있었는데 창고에 조가 없어서 쌀 1, 콩 2의 비율로 조 대신 주려고 한다. 쌀과 콩을 각각 얼마씩 주어야 하겠는가?

답 : 쌀 5말 1$\frac{3}{7}$되, 콩 1섬 2$\frac{6}{7}$되
풀이 : 쌀 1, 콩 2를 열차로 하여 이에 대한 조의 비율을 구하면 1$\frac{2}{3}$와 2$\frac{2}{9}$이다. 이것을 더하면 3$\frac{8}{9}$이 나온다. 이것을 제수로 한다. 또 쌀 1, 콩 2를

놓고 여기에 각각 2섬을 곱하여 피제수로 한다. 피제수를 제수로 나눈다.

제 7장인 '영부족' 장은 과부족의 문제 20개가 수록되어 있다. 여기에 실린 문제는 남거나 부족한 것을 가정할 때 맞는 수를 구하는 계산 방법에 관한 것이다. 다음은 이 장의 문제 1번과 답이다.

지금 공동으로 물건을 구입한다고 할 때, 각 사람이 8전씩 내면 3전이 남고, 각 사람이 7전씩 내면 4전이 부족하다고 한다. 사람 수와 물건 값은 각각 얼마인가?

답 : 사람은 7인, 물건 값은 53전

양수와 음수가 섞여 있는 1차 연립방정식의 해를 구하는 18문제가 수록된 제8장인 '방정' 장의 2번 문제와 답은 다음과 같다.

상품 벼 7단이 있다. 여기서 나오는 쌀의 양을 1말 줄이고, 여기에 하품 벼 2단을 채우면 쌀은 모두 10말이 된다. 또 하품 벼 8단이 있다. 거기에 쌀 1말과 상품 벼 2단을 섞으면 쌀이 모두 10말이 된다. 그렇다면 상품 벼와 하품 벼 1단에서 각각 얼마의 쌀을 낼 수 있는가?

답 : 상품 벼 1단에 벼 $\frac{41}{52}$ 말, 하품 벼 1단에 벼 $\frac{4}{25}$ 말
풀이 : 방정 계산법을 이용한다. 문제에 이것을 줄인다고 하는 것은 늘려서 계산하라는 뜻이고, 이것을 늘린다는 것은 줄여서 계산하라는 말이다.

문제에 벼를 1말 줄여서 벼의 양이 10말이라고 하는 것은 그 벼의 양이 10말보다 1말이 많다는 뜻이다. 벼의 양을 1말 늘려서 벼의 양이 10말이라는 것은 그 벼의 양이 10말보다 1말이 적다는 뜻이다.

위의 문제를 오늘날의 풀이 방법으로 간단하게 알아보기 위하여 상품 벼를 x, 하품 벼를 y라 하면 다음과 같은 연립방정식을 얻는다.

$$\begin{cases} 7x-1+2y=10 \\ 2x+8y+1=10 \end{cases} 즉, \begin{cases} 7x+2y=11 \\ 2x+8y=9 \end{cases}$$

이 연립방정식을 풀면 원하는 답을 얻을 수 있다. 그런데 당시에는 연립방정식을 풀 때 미지수를 생략하고 계수만을 이용하여 간단히 다음과 같이 표기했다.

$$\begin{matrix} 7 & 2 & 11 \\ 2 & 8 & 9 \end{matrix} \Rightarrow \begin{matrix} 1 & 0 & \frac{41}{52} \\ 0 & 1 & \frac{4}{25} \end{matrix}$$

이것은 미지수를 소거하고 연립방정식을 푸는 현재의 가우스 소거법과 같다. 오늘날 우리가 등식에서 미지수를 구하는 '방정식'이라는 말의 기원이 되는 장이다.

《구장산술》의 마지막 장인 제9장은 '구고' 장으로 피타고라스 정리의 응용이다. 즉, '구고현의 정리'의 응용인 셈이다. 여기서 구고현이란 직각삼각형을 말하는데 구는 직각삼각형의 짧은 변이고, 고는 긴 변을 나타낸다. 또한 현이란 빗변을 나타낸다. 모두 24문제가 있고 직각삼각형의 높이, 길이, 넓이와 거리 등의 문제를 다루고 있다. 이 장의 4번 문제와 답은 다음과 같다.

원통형의 목재가 있는데 그 지름은 2척 5촌이다. 이것을 직사각형의 널빤지로 만들려고 한다. 너비를 7촌으로 하고 싶다면 길이는 얼마인가?

답 : 2척 4촌

풀이 : 지름 2척 5촌을 제곱하고, 7촌을 제곱해서 뺀다. 그 나머지의 제곱근을 구하면 널빤지의 길이이다.

한편, 조선에서는 산학 취재가 좀 더 법제화되어 1년에 4회, 예조의 위임에 의해 호조가 주관했다. 산학 취재 필수 교재는 《상명산법》, 《양휘산법》, 《산학계몽》 등이었는데, 《구장산술》의 내용을 확장하거나 문제를 많이 다룬 것이라 할 수 있다.

옛날 우리나라의 산학자들은 지금까지 살펴본 수학 문제와 답, 풀이가 빼곡히 적힌 수학책 여러 권을 통째로 모두 암기했다. 그리고 문제에 주어진 수나 값을 바꾼 후에 암기한 풀이 방법을 적용하여 문제를 해결했다. 사실 오늘날 우리가 학교에서 배우는 수학은 고려나 조선에 비하면 분량도 매우 적고 내용도 어렵지 않은 편이라 할 수 있다.

송의 사신이 쓴 고려 견문록 《계림유사》 :
고려인의 발음과 수 읽기

고려 숙종 때 송나라 사신으로 왔던 손목은 《계림유사》라는 견문록을 썼다. 《계림유사》에 수록된 고려 시대 어휘는 천문, 지리, 식물, 동물, 인물, 수 등 18개 항목으로 분류된다. 이 중에는 당시 고려인들이 수를 어떻게 발음했는지 알려 주는 내용도 있어서 수학적으로도 매우 귀중한 자료이다.

송나라 사신이 쓴
《계림유사》 속의 고려인 발음

고려가 건국되고 몇십 년 뒤 중국에는 송나라가 들어섰다. 송은 경제적으로 풍요롭고 문화적으로 융성했으나 군사력이 약했다. 거란족의 요, 여진족의 금, 탕구트족의 서하 등에 끊임없이 시달렸다.

고려와 송은 서로의 필요에 따른 외교 관계를 맺었다. 금나라가 성장하기 전까지 고려와 송은 문화, 경제 교류에 힘을 쏟았고, 양국의 상인들의 무역도 매우 활발했다. 송나라 상인들은 적게는 수십 명에서 많게는 삼백 명이 넘는 대규모 상단을 꾸려 고려에 와서 교역했다. 이들은 고려 왕실과 조정에 사치품 등을 바치면서 외교 사절 역할까지 했다. 고려도 빈번한 사신 왕래를 통해 문물을 교환했다. 또한 수많은 승려와 상인이 송나라 항저우 지역에 진출하여 민간 차원의 교류도 매우 활발

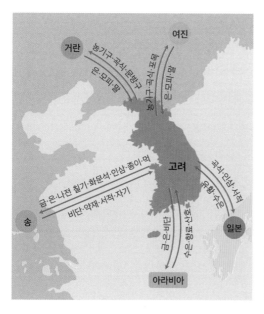

고려의 대외 무역
고려는 송, 거란, 여진, 일본 등과 활발한 교역을 했다. 주요 교역품은 곡식, 인삼, 모피, 서적, 말 등이었다.

했다.

　고려와 송은 거란이 점령해 이용할 수 없는 산둥 지역 대신 예성강 입구의 벽란도와 양쯔강 남쪽의 항저우에서 교역을 했다. 벽란도는 국제 무역항으로 이름을 떨쳤고, 항저우는 고려의 승려들이 대거 거주하며 불교를 포교하거나 고려 사신들이 중국의 지도나 서적 등 온갖 정보를 입수하는 통로로 이용되었다. 당시 항저우의 지사로 있던 송의 대문호인 소식은 고려인이 너무 많은 서적을 가져가자 송의 정보가 거란으로 들어갈 것을 우려하여 황제에게 고려와의 교역을 중단하자는 건의를 했다는 일화도 있다.

　한편 고려와 송은 사신 교류도 빈번했는데, 숙종 때 사신으로 왔던 손목은 돌아간 뒤《계림유사》라는 견문록을 남겼다. '계림'은 신라의 국호이기도 했던 명칭으로 중국에서 우리나라를 일컫는 이름 중 하나이다.《계림유사》에는 고려어 약 360어휘가 실려 있어 매우 중요한 국어 연구 자료인데, 책 원본은 남아 있지 않고 그 내용이 다른 여러 책에 실려 전해진다. 손목은 당시 고려어를 한자의 음이나 뜻을 빌려《계림유사》에 적었는데, 훈민정음이 창제되기 수백 년 전에 간행되었으므로 우리말의 변천을 알아내는 데 매우 중요한 자료이다.

　손목이《계림유사》에 어떤 방법으로 고려어를 기록했는지 한 가지 예를 살펴보자.《계림유사》에 쓰인 '천왈한날(天曰漢捺)'에서 천은 뜻을 나타내며 한날은 발음에 해당하여 '천은 한날이라 한다.'로 읽을 수 있다. 즉 고려인들은 하늘을 한날이라고 말한다는 것이다. '왈(曰)' 자를 중심으로 앞 글자는 뜻을 나타내는 중국 한자어이고 뒤에 나오는 글자는 당시 고려인의 발음을 소리가 유사한 한자를 빌려 적은 것이다. 주의할 점은 '한날'이라는 음이 지금 중국에서 발음하는 한자음이 아니라 북송 때의 한자음, 그것도 북송의 수도인 개봉(지금의 카이펑)의 음이라는 점이다. 이를 감안하더라도 오늘날 우리의 발음과 유사함을 알 수 있는데, 오른쪽의 표는 《계림유사》에 수록된 어휘 중 몇 가지이다.

한자(뜻)	발음대로 한자로 쓴 것	현재 발음
天(천)	漢捺(한날)	하늘
日(일)	姮(항)	해
風(풍)	孛纜(발람)	바람
鬼(귀)	幾心(기심)	귀신
雲(운)	屈林(굴림)	구름
花(화)	骨(골)	꽃
鹽(염)	蘇甘(소감)	소금
魚肉(어육)	姑紀(고기)	고기
姑(고)	漢了彌(한료미)	할머니
洗手(세수)	遜時蛇(손시사)	손을 씻다.

《계림유사》에 수록된 어휘는 천문, 지리, 식물, 동물, 인물, 수 등 18개 항목으로 분류된다. 이 중에는 당시 고려인들이 수를 어떻게 발음했는지 알려 주는 내용도 있어서 수학적으로도 매우 귀중한 자료이다. 고려인들이 1부터 9까지의 수와 10부터 90까지의 수를 어떻게 발음했는지 《계림유사》의 기록을 통하여 알아보면 우리가 수를 읽는 소리와 상당히 유사함을 알 수 있다.

《계림유사》에는 또 100(百)은 온(醞)으로, 1000(千)은 천(千)으로, 10000(萬)은 만(萬)으로 읽는다고 되어 있다. 그런데 언어학자들의 연구에 따르면 예전에는 천을 즈믄, 만을 드먼이라고 읽었다고 한다. 드먼은 북한에 있는 두만강에서 찾을 수 있는데, 드먼이 만이므로 두만강은 갈래가 만 개나 되는 강이라는 뜻이다.

한자	一	二	三	四	五	六	七	八	九
계림유사	河屯 하둔	途孛 도발	洒 세	廼 내	打戌 타술	逸戌 일술	一急 일급	逸答 일답	鴉好 아호
고려 추정 발음	하둔	두벌	세	네	다슈엣	예슈엣	일급	예답	아홉
현재	하나	둘	셋	넷	다섯	여섯	일곱	여덟	아홉

한자	十	二十	三十	四十	五十	六十	七十	八十	九十
계림유사	噎 일	戌沒 술몰	實漢 실한	麻雨 마우	舜 순	逸舜 일순	一短 일단	逸頓 일돈	鴉順 아순
고려 추정 발음	옐	슈뭘	슐한	마전	쉰	예슌	이두안	예둰	아훤
현재	열	스물	서른	마흔	쉰	예순	일흔	여든	아흔

우리 선조들의 시에
나타난 수

우리 선조들은 시에 수를 많이 활용
했다. 이는 고려 말의 충신 정몽주의

단심가(丹心歌)에서도 찾아볼 수 있다. 단심가는 뒤에 조선 태종이 된 이

하여가

고려 말에 이방원이 지은 시조이다. 이방원은 조선을 세운 태조 이성계의 다섯 째 아들로, 정몽주가 새로운 나라를 세우는데 어떤 생각을 가지고 있는지 알아보기 위해 이 시조를 지었다고 한다.

이런들 어떠하며 저런들 어떠하리
만수산 드렁칡이 얽어진들 어떠하리
우리도 이같이 얽어져 백년까지 누리리라.

방원이 정몽주의 뜻을 떠보려고 읊은 하여가(何如歌)에 답하여 부른 것으로 다음과 같다.

此身死了死了 (차신사료사료)	이 몸이 죽고 죽어
一百番更死了 (일백번갱사료)	일백 번 고쳐 죽어
白骨爲塵土 (백골위진토)	백골이 진토 되어
魂魄有也無 (혼백유야무)	넋이라도 있고 없고
向主一片丹心 (향주일편단심)	님 향한 일편단심이야
寧有改理與之 (영유개리여지)	가실 줄이 있으랴.

이번에는 작은 수의 단위가 등장하는 방랑 시인 김삿갓의 작품을 알아보자.

一峯二峯 三四峯 (일봉이봉 삼사봉)	하나, 둘, 셋, 네 봉우리
五峯六峯 七八峯 (오봉육봉 칠팔봉)	다섯, 여섯, 일곱, 여덟 봉우리
須臾更作 千萬峯 (수유갱작 천만봉)	잠깐 사이에 천만 봉우리로 늘어나더니
九萬長天 都是峯 (구만장천 도시봉)	온 하늘이 모두 구름 봉우리로다.

이 시는 구름 속에 가려진 금강산의 아름다움을 표현한 것으로 구름이 움직일 때마다 봉우리의 수가 변한다. 여기서 잠깐 사이를 뜻하는 수유(須臾)는 수를 읽는 단위이다. 위의 표는 우리가 사용하고 있는 큰 수와 작은 수를 읽는 단위의 이름인데, 이 표를 보면 수유는

$$10^{-15} = \frac{1}{1000000000000000}$$ 이므로 매우 빠른 시간임을 알 수 있다.

10^n	단위 명칭	한자	10^n	단위 명칭	한자
10^{68}	무량수	無量數	10^{-1}	분	分
10^{64}	불가사의	不可思議	10^{-2}	리	厘
10^{60}	나유타	那由他	10^{-3}	모	毛
10^{56}	아승기	阿僧祇	10^{-4}	사	糸
10^{52}	항하사	恒河沙	10^{-5}	홀	忽
10^{48}	극	極	10^{-6}	미	微
10^{44}	재	載	10^{-7}	섬	纖
10^{40}	정	正	10^{-8}	사	沙
10^{36}	간	澗	10^{-9}	진	塵
10^{32}	구	溝	10^{-10}	애	埃
10^{28}	양	穰	10^{-11}	묘	渺
10^{24}	자	仔	10^{-12}	막	莫
10^{20}	해	垓	10^{-13}	모호	模糊
10^{16}	경	京	10^{-14}	준순	浚巡
10^{12}	조	兆	10^{-15}	수유	須臾
10^{8}	억	億	10^{-16}	순식	瞬息
10^{4}	만	萬	10^{-17}	탄지	彈指
10^{3}	천	千	10^{-18}	찰나	刹那
10^{2}	백	百	10^{-19}	육덕	六德
10^{1}	십	十 또는 拾	10^{-20}	공허	空虛
10^{0}	일	一 또는 壹	10^{-21}	청정	清淨

우리말로는 경을 '골', 정을 '잘'로 불렀다고 전해지고 있으며, 다른 단위에 대한 우리말은 현재까지 알려진 것이 없다. 이를 다시 한번 정리 하면 온은 10^2, 즈믄은 10^3, 드먼은 10^4, 골은 10^{16}, 잘은 10^{40}이다. 이와

같은 말은 지금도 그 형태가 남아 있는데, '온몸이 아프다.'에서 온은 백을 나타내고, '골백번 죽어도'에서 골은 경을 나타낸다.

큰 수의 명칭과 마찬가지로 작은 수의 명칭도 대부분 불교 용어에서 비롯되었다. 진(塵)과 애(埃)는 둘 다 먼지를 뜻하는 말로 인도에서는 가장 작은 양을 나타낸다고 한다. 또한 찰나(刹那)는 눈 깜짝할 사이를, 청정(淸淨)은 먼지 하나 없는 맑디맑음을 뜻한다. 작은 단위도 우리가 일상생활에서 많이 쓰는데, '이거 모호한데', '순식간에 지나갔다.', '내가 넘어지는 찰나', '공허한 마음' 등과 같은 말이 있다.

오늘날 과학을 이끌어 가는 수, 나노

오늘날 사용하는 국제적인 단위를 알아보자. 널리 사용되고 있는 큰 단위에는 컴퓨터의 용량을 나타내는 데 쓰이는 메가(10^6), 기가(10^9), 테라(10^{12})가 있고, 작은 단위로는 마이크로(10^{-6}), 나노(10^{-9}), 피코(10^{-12})가 있다. 그러나 과학이 더욱 발전할 미래에는 더 큰 단위인 페타(10^{15}), 엑사(10^{18}), 제타(10^{21}), 그리고 더 작은 단위인 펨토(10^{-15}), 아토(10^{-18}), 젭토(10^{-21}) 등도 사용하게 될 것이다.

특히 10^{-9}인 나노는 오늘날의 과학을 이끌어가는 단위이다. 나노는 난쟁이를 뜻하는 고대 그리스어인 나노스(nanos)에서 유래한 말로, 나노 과학이 본격적으로 등장한 것은 1980년대 초 주사 터널링 현미경(SRM)이 개발되면서부터이다. 10억 분의 1을 뜻하는 나노는 매우 미세한 물리학 계량 단위로 사용되고 있으며, 나노세컨드(nanosecond)는 10억 분의

10^n	접두어	기호	한글 명칭	십진수 표현
10^{24}	요타(yotta)	Y	자	1,000,000,000,000,000,000,000,000
10^{21}	제타 (zetta)	Z	십 해	1,000,000,000,000,000,000,000
10^{18}	엑사 (exa)	E	백 경	1,000,000,000,000,000,000
10^{15}	페타 (peta)	P	천 조	1,000,000,000,000,000
10^{12}	테라 (tera)	T	조	1,000,000,000,000
10^9	기가 (giga)	G	십 억	1,000,000,000
10^6	메가 (mega)	M	백 만	1,000,000
10^3	킬로 (kilo)	k	천	1,000
10^2	헥토 (hecto)	h	백	100
10^1	데카 (deca)	da	십	10
10^0	(없음)	(없음)	일	1
10^{-1}	데시 (deci)	d	십분의 일	0.1
10^{-2}	센티 (centi)	c	백분의 일	0.01
10^{-3}	밀리 (milli)	m	천분의 일	0.001
10^{-6}	마이크로 (micro)	μ	백만분의 일	0.000001
10^{-9}	나노 (nano)	n	십억 분의 일	0.000000001
10^{-12}	피코 (pico)	p	일조분의 일	0.000000000001
10^{-15}	펨토 (femto)	f	천조분의 일	0.000000000000001
10^{-18}	아토 (atto)	a	백경분의 일	0.000000000000000001
10^{-21}	젭토 (zepto)	z	십해분의 일	0.000000000000000000001
10^{-24}	욕토 (yocto)	y	일자분의 일	0.000000000000000000000001

큰 수와 작은 수를 나타내는 국제표준단위계의 접두어

1초, 나노미터(nanometer)는 10억 분의 1미터를 가리킨다. 10억 분의 1미터라고 하면 언뜻 감이 오질 않는데, 일반적으로 사람 머리카락 한 가닥의 굵기가 10만 나노미터라고 하니 어느 정도 길이인지 대충 짐작할 수 있을 것이다.

한편 하나, 둘, 셋, 다섯, 열이 어떻게 시작되었는지 정확히는 알 수 없지만, 하나는 태양과 같은 말인 해의 옛말 '히 [日]', 둘은 달[月]의 옛말인 '돌', 셋은 1년을 뜻하는 '설[年]'에서 비롯되었다고 한다. 또 다섯과 열은 옛사람들이 손가락셈을 했다는 흔적이기도 하다. 다섯은 손가락을 하나씩 꼽으면서 셈을 하다 보면 다섯 번째에는 손가락이 모두 닫히기 때문에 '닫힌다.'에서 비롯되었다고 한다. 한편 열은 닫힌 손가락을 하나씩 펴가다 마침내 10이 되면 모두 열려 '열린다.'에서 비롯되었다고 한다. 물론 언어학적으로는 좀 더 엄정하게 따져 봐야지만, 이런 말들을 통해 옛사람들이 오랜 세월 손가락셈을 해 왔음을 유추할 수 있다.

몽골 침입 때 만든 해인사 대장경판 :
5000여만 자와 확률의 계산

부처의 힘으로 몽골의 침입을 이겨 내려던 고려 사람들은 팔만대장경을 만들었다. 팔만대장경이
완성될 때까지 거치는 목판, 필사본, 판각 작업 등의 과정에는 여러 가지 수학적 사실이 있다. 또한
800년 넘게 대장경판이 잘 보관되어 있는 해인사 장경판전에도 수학적 설계와 과학적 보존성이
숨겨져 있다.

경남 합천 해인사와 인근의 대장경

테마파크에서는 몇 년에 한번씩

'대장경 세계 문화 축전'이 열린다. 1011년부터 제작된 〈초조대장경〉을
기준으로 고려의 대장경 1000년을 기념하고자 2011년에 처음 시작되
었다. 〈초조대장경〉은 해인사 대장경보다 앞서 거란의 침입을 불심으로
극복하고자 만들어졌지만 몽골 침입 때 대부분 소실되었다.

대장경 축전에서는 합천 해인사 대장경판 진본 몇 점이 공개되기도
했다. 합천 해인사 대장경판은 목판 수가 8만이 넘어 흔히 〈팔만대장경〉
이라고도 한다. 2017년 축전에서는 고유번호 1번(K1)이 붙어 있는 '대
반야바라밀다경'이 공개되었다. 대반야바라밀다경 대장경판은 1237년
에 제작된 최초의 팔만대장경으로 완성 후 60갑자로 13바퀴를 돈 2017

팔만대장경판 이운식
해인사 장경판전에서 가져온 대장경판을 가마에 실어 운송하고 있다.

년 정유년에 일반인에게 처음 모습을 드러낸 것이었다. 이때까지 일반인은 해인사를 방문해도 대장경의 글씨가 새겨진 부분을 볼 수가 없었다. 대장경을 보관한 건물인 장경판전의 창살 틈으로 빽빽하게 꽂힌 목판을 바라보는 게 관람의 전부였다. 낙산사, 숭례문, 화엄사 등에 연이어 방화 사건이 일어나자 해인사 측은 2013년에 문화재 보호 차원에서 장경판전의 중정(마당) 입구를 통제했다. 2017년 1월에야 제한을 풀어 장경판전 중정에서 창살 사이로 〈팔만대장경〉을 희미하게 볼 수 있을 뿐이다. 〈팔만대장경〉은 처음에는 강화도 선원사에 보관되었다가 조선 태조 때인 1398년에 가야산 해인사로 옮겨져 오늘에 이르렀다.

이제 해인사에 보관된 대장경이 만들어진 배경을 간단히 알아보자.

고려 때 무신들이 난을 일으키고 권력 다툼을 벌인 끝에 마침내 최충헌이 권력을 잡아 4대 60여 년에 걸친 최씨 무신 정권을 열었다. 최충헌을 이어 그 아들 최우가 집권하던 1206년에 몽골의 테무친이 부족을 통합하여 대몽골국이라는 나라를 세우고 칭기즈 칸(전 세계의 왕이라는 뜻)에 올랐다. 1231년에 몽골 제국의 살리타가 대군을 이끌고 1차로 고려를 공격했고, 고려군은 박서의 지휘 아래 귀주에서 몽골군을 막았지만 몽골군은 길을 돌아 3개월 만에 고려의 수도 개경을 압박했다. 고려가 강화를 청하자 몽골은 다루가치라는 감독관을 서북 지방에 두고 군대를 철수시켰다.

몽골군이 물러간 뒤 당시 집권자였던 최우는 수도를 개경에서 강화도로 옮기고 몽골과의 장기전에 대비했다. 몽골이 초원 지대에서 성장했기 때문에 바다 싸움에 약하리라 판단했기 때문이다. 그러자 몽골은

1232년 2차 침략을 감행했고, 그로부터 20년이 넘게 총 6차례나 고려를 침략했다.

수십 년간 지속된 전쟁으로 고려의 국토는 황폐해졌고, 산성을 제외한 평야 지대에서는 방화와 약탈, 살육이 행해졌다. 또 전국의 많은 사찰과 중요 문화재가 불타거나 약탈당했다. 경주 황룡사의 9층 목탑, 〈초조대장경〉도 이때 불타 없어졌다. 몽골과의 전쟁 초기이던 1236년에 최씨 정권은 부처의 힘으로 국난을 극복하겠다는 의지와 나아가 백성들의 애국심을 결집하고자 대장경판을 만들기 시작해 16년 만인 1251년에 8만여 매의 대장경판을 완성했다.

총 5000만 자가 넘는 대장경판에 숨겨진 어마어마한 수치들

팔만대장경 속에 숨어 있는 여러 가지 수학적 사실을 찾아보자.

2014년에 해인사 대장경 81,352판(일제강점기에 새겨진 36판 포함한 수치)에 새겨진 글자 수가 무려 5천 2백만 자에 달한다는 것이 밝혀졌다. 한자에 능한 사람이 하루 8시간씩 읽었을 때, 이 대장경을 모두 읽는 데 30년이 걸린다고 한다. 동국대학교 동국역경원에서는 1964년부터 대장경을 한글로 번역하기 시작해 35년이 지난 2000년에 모두 318권으로 이루어진《한글대장경》을 편찬해 냈다.

대장경판은 지름이 40cm, 길이가 1~2m인 통나무에서 약 6장을 만들 수 있다고 한다. 그래서 8만여 개의 경판을 만들려면 통나무가 약 15,000그루 필요하다. 경판 1장의 두께는 약 2.6cm에서 3.9cm가량이

대장경 경판
가로 69cm　　세로 24cm　　두께 : 2.6~3.9cm　　무게 : 3~4kg

고, 세로는 약 24cm, 가로는 약 70cm, 무게는 3~4kg이라고 한다. 경판 1장의 두께를 2.6과 3.9의 평균인 3.25라고 하고, 81,352장을 모두 쌓으면 3.25×81352＝264394cm이다. 그런데 경판 대부분이 두께가 약 3.9cm에 가깝기 때문에 다시 계산하면 3.9×81352＝317272.8 cm이고, 이는 2744m인 백두산보다 높다. 또 경판을 가로로 이으면 70×81352＝5694640cm, 즉 그 길이가 약 57km에 달한다. 경판 한 장의 무게가 평균 3.5kg이므로 전체의 무게는 3.5×81352＝284732kg으로 약 280톤이므로 대장경판을 모두 옮기려면 8톤 트럭 35대가 필요하게 된다.

　강화도에 보관하던 대장경을 합천 해인사로 옮길 때 상당 구간은 사람들이 머리에 이고 이동했기 때문에 '대장경 세계 문화 축전'에서는 이를 기념하기 위하여 많은 사람들이 경판을 머리에 이고 이동하는 퍼포먼스를 펼쳤다.

대장경판 한 면은 보통 22줄에서 23줄이며 줄에 14자가 양각되어 있다고 한다. 즉, 경판 한 면에 새긴 글자 수는 평균 322자이므로 양면을 합해 평균 644자이다. 여기에 전체 경판수인 81352판을 곱하면 5239만 688자이므로 〈팔만대장경〉의 글자 수는 어림잡아 5240만 자에 이른다. 이는 조선 왕조 500년 역사를 기록한 《조선왕조실록》에 맞먹고, 200자 원고지로 약 25만 장이다.

대장경 목판을 제작하려면 먼저 목판에 붙일 필사본을 완성해야 한다. 붓글씨는 보통 한 사람이 하루에 1,000자 정도 쓸 수 있다고 한다. 경판에 사용된 글자를 쓰려면 1년 동안 약 140명이 동시에 하루도 쉬지 않고 작업하는 경우 $140 \times 1000 \times 365 = 51100000$이다. 그런데 조선의 명필인 석봉 한호가 대장경판에 새겨진 글씨를 보고 '이것은 사람이 쓴 것이 아니고 신이 쓴 것이다.'라며 경탄했을 정도로 잘 쓴 글씨라고 한다. 즉 대단한 명필 140명이 1년 내내 써야 완성되는 것이지만 이는 현실적으로 불가능하다. 당대에 가장 뛰어난 명필 한 사람이 하루에 1000자씩 쉬지 않고 쓰면 52400일, 즉 약 144년이 걸리는데, 〈팔만대장경〉이 16년 만에 완성되었으므로 적어도 10명 이상의 명필이 하루도 쉬지 않고 대장경의 목판에 붙일 필사본을 완성했음을 짐작할 수 있다. 여러 사람이 썼음에도 대장경판의 서체가 일정한 편인데, 이는 글씨체를 모두 일정한 모양으로 만들기 위해 1년 가까이 훈련을 했다고 한다.

필사에 소요되는 한지 또한 파지(찢어진 종이)들을 고려하면 약 50만 장이 사용되었을 것으로 짐작된다. 닥나무를 한지로 만드는 작업을 보면 하루 한 사람이 50장 정도 만들 수 있다고 하니, 종이 만드는 작업에도 만 명 가까운 인원이 필요했을 것이다.

필사본이 완성되면 이것을 목판에 붙인 뒤에 글자를 새기는 작업을 했다. 보통 나무판에 글자를 새기는 작업은 능숙한 기술자도 하루에 40~50 글자 정도만 가능하다고 한다. 경판 글자는 양면에 약 644자이므로 아무리 능숙한 기술자더라도 한 달에 양면으로 2판을 새기기도 벅찼을 것이다. 이를 계산해 보면 16년 동안 5000만 자가 넘는 대장경판을 완성하기 위해선 일일 기준으로 100만 명이 넘는 기술자가 동원되어야 함을 알 수 있다.

여러 기록에 따르면 나무를 벌채하고 재료를 운반하는데 연인원 8만 ~10만 명, 한지 제작 연인원 1만 명, 필사본 필사 연인원 5만 명, 경판 판각 각수 총 인원 최소 1800명, 마구리(길쭉한 토막의 양쪽 머리 면)와 장석 및 못 제작, 붓과 벼루와 먹 조성, 조각도와 대패 및 톱, 옻 채취 및 가공, 완성 경판의 운반, 인경 및 제본, 대장경판당 건축, 식사 등 일상 잡무 등을 담당한 연인원까지 합하면 최대 50만 명 정도로 추정된다고 한다. 대장경판 제작에 동원된 이 인원은 수도인 개경의 인구와 맞먹었다. 그 당시 개경의 가구 수는 10만 호 정도였는데, 인구수로 치면 약 20만 명에서 50만 명 정도였다. 또한 몽골군의 침략 당시 고려의 총인구로 추정되는 약 300만 명의 $\frac{1}{6}$ 정도에 해당되는 수치였다. 어마어마한 대역사였기 때문에 고려가 〈팔만대장경〉을 만드는 데에 나라의 역량을 모두 쏟아부었음을 짐작할 수 있다.

해인사 대장경에서 수학적으로 가
장 놀라운 것은 따로 있다. 〈팔만대

장경〉의 글자 5239만 688자 중에서 오탈자는 딱 158자라고 하니, 오

탈자 확률이 $\dfrac{158}{52390688} \times 100 \fallingdotseq 0.0003$(%) 뿐이라는 어마어마한 결과

가 나온다. 수많은 사람이 작업했음에도 거의 오류가 없고, 한 사람이

만든 것 같은 글씨체와 판각 수준은 놀라울 수밖에 없다.

오탈자 확률이 0.0003%라는 것이 얼마나 대단한 것인지 간단하게

알아보자.

일반적인 책 한 쪽을 완성하기 위해서는 200자 원고지로 4.5매 정도

가 필요하다. 즉, 보통 책 한 쪽에는 글자가 $4.5 \times 200 = 900$자 정도가

있다. 그런데 띄어쓰기나 그림 등이 삽입되면 글자 수는 이보다 훨씬 적

은데 많아도 약 800자 정도로 생각할 수 있다. 그러면 300쪽인 책에는

$300 \times 800 = 240000$이므로 약 24만 개의 글자가 있다. 오탈자가 있을

확률이 0.0003%라는 것은 24만자 중에서 오탈자가 $0.000003 \times$

$240000 = 0.72$, 즉 한 글자보다 적다는 것이다.

어떤 책을 처음 출간했을 때 오탈자가 한 글자도 없을 확률은 거의

없다. 심지어 저자와 편집부에서 열심히 찾았음에도 불구하고 여러분이

읽고 있는 이 책에도 초판에는 몇 개의 오탈자가 분명히 있을 것이다.

초판에 오탈자가 거의 없이 책을 출간한다는 것은 오늘날에도 거의 불

가능한 일이다. 오탈자를 찾아서 다음번 인쇄할 때 수정하는 과정을 적

어도 3번은 거쳐야 오탈자가 없는 책이 된다. 그런데 해인사 대장경은

한번 만들면 오탈자를 수정하여 다시 만들 수 없었다. 따라서 〈팔만대장경〉의 오탈자 확률이 아주 낮다는 것은 초판부터 오탈자가 거의 없는 완벽한 책을 만들었다는 것과 같다.

여기서 잠깐, 어떤 책에서 오타의 수를 찾을 수 있는 확률을 예를 들어 구해 보자.

같은 책에서 A와 B 두 사람이 발견한 오타의 개수를 각각 a개와 b개라 하고, 두 사람이 공통으로 발견한 오타를 c라고 가정해 보자. 또 A가 오타를 발견할 확률을 p, B가 오타를 발견할 확률을 q라고 가정하자. 이 책에 있는 오타의 총수를 M이라 하면 $a=pM$이고 $b=qM$이다. 그런데 두 사람 A와 B가 독립적으로 오타를 찾았기 때문에 $c=pqM$이다. 그러면 다음이 성립한다.

$$ab=pM \times qM=pqM^2, \, c=pqM \Leftrightarrow cM=pqM^2$$

즉, $ab=pqM^2=cM$이므로 $M=\dfrac{ab}{c}$이다. 다시 말해서 이 책에 들어 있는 오타의 총수 M은 p와 q가 얼마이든 상관없이 $\dfrac{ab}{c}$가 되는 것이다.

두 사람 A와 B가 찾아낸 오타의 개수는 모두 $a+b-c$이므로 그들이 찾지 못한 오타의 개수는 $M-(a+b-c)$이다. 그런데 $M=\dfrac{ab}{c}$이므로 두 사람이 찾지 못한 오타의 개수는 다음과 같다.

$$\frac{ab}{c}-(a+b-c)=\frac{(a-c)(b-c)}{c}$$

이를테면 A가 21개, B가 13개의 오타를 찾았는데 공통으로 찾은 것이 8개였다면 $a=21$, $b=13$, $c=8$이므로 $\dfrac{(21-8)(13-8)}{8}=\dfrac{13\times5}{8}$ $=8.125$이다. 따라서 A와 B 두 사람이 발견하지 못한 오타는 아직도 8개 정도가 더 있다는 것이다.

위와 같은 사실을 이용하면 〈팔만대장경〉에서 158개 이외에 아직도 발견하지 못한 오탈자의 수를 추측할 수도 있다. 예를 들어 A와 B 두 사람이 오탈자를 발견한 개수가 158개라고 하자. 158을 소인수분해하면 $158=2\times79$이다. 두 사람이 공통으로 찾은 오탈자의 수 c는 자연수이고 $c=pqM=158pq=2\times79\times p\times q$이므로 $p=\dfrac{1}{2}$, $q=\dfrac{1}{79}$ 또는 $p=\dfrac{1}{79}$, $q=\dfrac{1}{2}$이어야 한다. 두 경우가 같은 결과가 나오므로 $p=\dfrac{1}{2}$, $q=\dfrac{1}{79}$이라 하자. 그러면 a, b, c는 다음과 같다.

$$a=pM=\frac{1}{2}\times158=79,\ b=qM=\frac{1}{79}\times158=2,$$
$$c=\frac{1}{2}\times\frac{1}{79}\times158=1$$

앞에서 두 사람이 찾지 못한 오타의 개수는

$$\frac{(a-c)(b-c)}{c}=\frac{(79-1)\times(2-1)}{1}=78$$

따라서 〈팔만대장경〉에는 지금까지 발견한 158개의 오탈자 이외에 78개의 오탈자가 더 있을 가능성이 있음을 알 수 있다.

해인사 장경판전
장경판전은 고려 시대 만들어진 대장경판 8만여 장이 보관되어 있는 건물로, 국보 제52호이다. 해인사에 남아 있는 건물 중 가장 오래되었으며, 임진왜란 때에도 피해를 입지 않았다. 장경판전은 통풍을 위하여 창의 크기를 남쪽과 북쪽을 서로 다르게 하고 각 칸마다 창을 내어 통풍을 조절하고, 흙바닥 속에 숯·횟가루·소금을 모래와 함께 넣어 습도를 조절하도록 했다. 국립중앙박물관 제공

　　대장경판이 만들어진 지 약 800년의 세월이 흘렀다. 하지만 8만이 넘는 대장경판 중에서 썩은 경판이 하나도 없다고 하는데, 이는 해인사 장경판전 때문이라고 한다. 나무 경판을 보관하기 위해서는 통풍이 매우 중요하다. 목재가 습도나 온도와 같은 일정한 조건에서 수분의 증가와 감소가 일어나지 않는 수분의 함량인 함수율을 '평형함수율'이라고 한다. 해인사 일대의 평형함수율은 15~16%이며, 이러한 함수율을 유지하는 곳으로 찾아낸 곳이 바로 해인사의 가장 위쪽인데, 함수율이 안정화되도록 양지바른 곳에 보관 건물을 지었다고 한다. 또한 대량의 경판을 보관하기 위해서 사각기둥을 세워 서로 연결하고 여러 층의 선반

을 만들었다. 마지막으로 장경판전의 창문 틈과 창살의 각도를 조절해 내부에 햇빛을 골고루 비추도록 하면서도 어느 계절 어느 시간에도 경판에 햇빛이 닿지 않도록 설계했다고 한다. 장경판전에 있는 기둥이 108개인데, 이것은 불교의 108 번뇌를 상징한다고 한다.

　해인사 장경판전은 이러한 설계와 보존의 과학성으로 인해 1995년 12월 유네스코 세계 문화유산으로 등재되었는데, 팔만대장경판이 2007년에 세계 기록유산으로 지정된 데 비해 12년이나 앞서 세계유산으로 인정된 것이다. 해인사 대장경판과 장경판전은 우리 선조들의 뛰어난 지혜로 이루어졌음을 확인할 수 있는 소중한 우리의 문화재이다.

조선의 정궁 경복궁 :
사이클로이드와 쪽매맞춤

우리 조상들은 한옥을 지을 때 처마의 깊이를 계산해 지붕을 만들어 눈비를 막고 햇빛의 양을 조절했다. 기와와 기왓골은 오늘날 사이클로이드 곡선과 같은 모양으로 만들었다. 경복궁의 교태전과 자경전 꽃담을 구성하는 쪽매맞춤에는 다양한 문양이 사용되었다. 우리의 전통 문양은 자연과의 조화와 수학적 원리를 기반으로 하고 있다.

천하 명당에 자리 잡은
경복궁

서울 종로구에는 조선 왕조의 정궁이었던 경복궁(景福宮)이 있다. 경복궁은 도성의 북쪽 북악산 기슭에 자리 잡았는데, 이는 풍수지리에 입각한 주산(主山)의 바로 아래이다. 궁 앞으로 넓은 시가지가 펼쳐져 있고 그 앞에 안산(案山, 집터나 묏자리 맞은편에 있는 산)인 남산, 내수(內水)인 청계천과 외수(外水)인 한강이 흐르는 명당이다.

궁의 왼쪽에는 왕실 조상의 신주를 모신 종묘, 궁의 오른쪽에는 백성을 위해 임금이 땅과 곡식의 신에게 제사를 지내던 사직단이 있다. 이는 중국에서 고대부터 지켜져 오던 도성 건물 배치의 기본 형식인 '왼쪽에 종묘, 오른쪽에 사직단'을 따른 것이다. 또 도성에는 4대문과 4소문이 건설되었는데, 4대문은 오행사상에 따라 동대문은 흥인지문(興仁之門), 서대문은 돈의문(敦義門), 남대문은 숭례문(崇禮門), 북대문은 숙정문(肅靖門)이라 했다. 4소문은 서소문을 소의문(昭義門), 동소문을 혜화문(惠化門), 남소문을 광희문(光熙門), 북소문을 창의문(彰義門)이라 했다. 중앙인 종로에 보신각(普信閣)을 두었는데, 이런 명칭은 인(仁, 동), 의(義, 서), 예(禮, 남), 지(智, 북), 신(信, 중앙) 다섯 가지의 덕(德)을 표현한 것이다.

조선의 첫 궁궐인 경복궁이 지어지기까지의 역사를 알아보자.

고려 말 이성계는 뛰어난 활 솜씨로 홍건적과 왜구 토벌에 공을 세우며 승승장구하던 신흥 무반이었다. 이성계를 따르던 세력은 최영, 정몽주 등을 죽인 뒤 고려 마지막 왕인 공양왕에게 강제로 왕위를 물려받아 이성계를 왕으로 추대해 조선을 세웠다.

태조 이성계는 정도전, 조준, 남은 등과 함께 통치 이념을 정비하고

147

수도를 한양으로 옮겼다. 특히 정도전은 새 왕조의 설계자로서 통치 이념은 물론 도읍과 궁궐을 짓는 데에도 큰 역할을 했다. 1394년 10월에는 수도를 개경에서 한양으로 옮겼다. 한양은 고려 때부터 남경으로 불리며 어느 정도 도시를 이루고 있었는데, 왕도 건설은 천도 이후 본격적으로 이루어졌다. 경복궁은 태조 3년인 1394년에 건설하기 시작해 이듬해에 완성되었다. 이 당시 궁의 규모는 390여 칸으로 크지 않았다. 궁의 명칭은《시경》의 '이미 술에 취하고 덕에 배부르니 군자 만년 그대의 큰 복을 도우리라(旣醉以酒 旣飽以德 君子萬年 介爾景福 기취이주 기포이덕 군자만년 개이경복).'라는 구절에서 마지막 두 자인 경복(景福)을 따와서 경복궁이라고 지었다.

우산 겸 양산 역할을 하는 한옥의 지붕

620여 년 전에 처음 지어진 경복궁에는 많은 수학이 숨어 있다. 그 전에 먼저 우리 전통 가옥인 한옥의 기본 단위에 대하여 간단히 알아보자.

신분제가 엄격했던 조선 시대에는 왕이 살던 궁궐 외에는 집의 규모가 99칸을 넘을 수 없었다. 이때 사용된 단위인 칸은 기둥을 연속하여 배열할 때 기둥과 기둥 사이의 길이를 말하는 것으로 간(間)이라고도 한다. 아울러 칸은 기둥 4개로 둘러싸인 방을 뜻하기도 했다. 예를 들어 99칸 대궐 같은 집이라면 기둥과 기둥 사이가 99개라는 뜻도 있지만, 일반적으로는 방이나 곡간과 같은 공간이 99개라는 뜻이다. 이를테면 서민들이 살았던 가장 단출한 집을 빗대어 초가삼간(草家三間)이라고 하

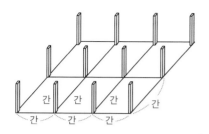
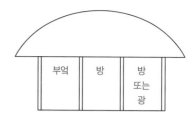

부엌	방	방 또는 광

초가삼간

는데, 이는 기둥과 기둥 사이에 3개의 칸이 있는 집이라는 의미이다. 조선 시대에는 궁궐 외에는 99칸이 넘지 못하게 규제했기 때문에 돈이 아무리 많은 부잣집이라도 99칸이 넘는 집은 지을 수가 없었다.

초가삼간이든 궁궐이든 우리 한옥은 지붕이 건물 내 생활공간보다 훨씬 크다. 이는 우리나라가 지리적으로 북반구의 중위도에 있어 사계절이 분명하고, 3면이 바다와 접해 있어 여름에는 덥고 습하며 겨울에는 춥고 건조한 기후적 특성 때문이다. 특히 태양의 남중 고도가 여름과 겨울이 달라 여름에는 뜨거운 햇빛을 막아야 하고 장마철에는 빗물이 집안으로 들이치지 않아야 하는 반면, 겨울에는 따뜻한 햇볕이 집안 가득히 들어야 한다. 보통 한옥은 나무로 기둥을 세우고 기둥과 기둥 사이의 벽체는 흙으로 메우는데, 비가 기둥과 벽으로 직접 들이친다면 나무 기둥은 썩고 벽은 허물어질 것이다. 결국 지붕은 우산과 양산의 역할을 다 해야 하기 때문에 한옥의 지붕은 건물의 생활공간보다 더 커진 것이다. 또 주춧돌을 놓아 기단을 높게 해 기둥을 빗물로부터 보호했다.

기둥 밖으로 뻗어 나간 지붕 끝부분을 '처마'라고 한다. 처마 끝에서 기둥까지의 거리를 '처마의 깊이'라고 하는데, 처마의 깊이가 늘어날수록 나무

기둥이 비에 덜 젖겠지만 하염없이 늘릴 수는 없다. 우리 조상들은 이 처마를 이용하여 비도 막았지만 계절에 따라 햇빛의 양을 조절했다.

태양의 남중고도는 정오에 뜬 태양의 높이를 말하는데, 지구는 자전축이 23.5° 기울어져 있기 때문에 여름과 겨울에 태양의 남중고도가 $23.5° \times 2 = 47°$만큼 차이가 난다. 예를 들어 서울은 지리적으로 북위 37° 선에 있으므로 지구의 자전축이 기울어져 있지 않다면 1년 내내 남중고도는 $90° - 37° = 53°$가 된다.

그런데 자전축이 기울어져 있기 때문에 여름과 겨울의 남중고도가 다르다. 여름에 서울의 남중고도는 $53° + 23.5° = 76.5°$이고 겨울에는 $53° - 23.5° = 29.5°$이다. 즉, 태양이 가장 높이 뜨는 하지에는 햇빛이 거의 머리 꼭대기에 있고, 가장 낮게 뜨는 동지에는 햇빛이 방안 깊숙이 들어올 만큼 낮은 각도로 비춘다.

이런 이유로 우리 조상들은 집을 지을 때 처마의 깊이를 조절하여 지붕을 완성했고, 창을 내어 햇빛을 조절하고 싶을 때도 처마 길이에 따라 창의 높낮이를 정했다. 처마 끝과 주춧돌이 있는 지점을 이어서 생기는 각을 처마 각도라고 하는데, 보통 한옥의 처마 깊이는 중부 지방이 약 120cm 정도이고 처마 각도는 58°~62°라고 한다.

한편 한옥의 지붕은 기와로 덮여 있는데, 부드러

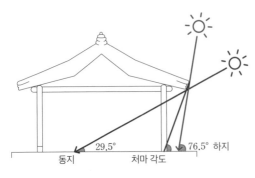

동지와 하지 때의 처마 각도

운 곡선으로 되어 있는 암키와와 원기둥의 반을 잘라 놓은 모양으로 생긴 수키와를 번갈아 얹어 놓음으로써 비가 오면 기왓골의 곡선을 따라 빠르게 빗물이 빠져나가도록 하였다. 또 암키와를 ⌒ 와 같은 모양으로 만든 이유는 기와 사이로 빗물이 스며들어 목조 건물이 썩는 것을 막기 위해

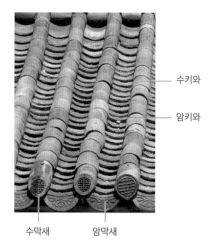

— 수키와

— 암키와

수막새   암막새

서이다. 즉, 빗물이 지붕에 머무는 시간을 최대한 줄여 빨리 흘러가게 하기 위해서 기와와 기왓골의 모양을 오늘날 우리가 사이클로이드 (Cycloid)라고 부르는 곡선과 같은 모양으로 만들었다.

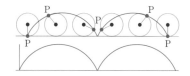

사이클로이드는 '바퀴'를 뜻하는 그리스어이고, 원 위에 점 P를 찍고 원을 직선 위에 굴렸을 때 점 P가 그리는 자취이다. 이 곡선은 수학과 물리학에 있어서 매우 중요하며 초기 미분 적분학의 개발에 크게 도움을 주었다. 특히 이탈리아 천문학자이자 물리학자인 갈릴레이는 이 곡선의 중요성을 처음 이야기하고 이 곡선을 이용하여 다리 아치를 만들 것을 추천하기도 했다. 사이클로이드는 물체가 한 점 A에서 A의 바로

밑이 아닌 A보다 낮은 점 B로 중력의 영향을 받으면서 가장 짧은 시간 동안에 미끄러지는 곡선인 최단강하선(brachistochrone) 문제로 수학계에 화려하게 등장했다. 이 문제는 스위스 수학자 요한 베르누이가 1696년에 제기했고, 오른쪽 그림처럼 A에서 B를 연결하는 가능한 모든 곡선 가운데 사이클로이드의 한 호를 뒤집은 곡선일 때, 물체가 A에서 B로 미끄러지는데 최단 시간이 걸린다는 것을 베르누이를 비롯

하여 뉴턴과 라이프니츠 등 당대의 뛰어난 몇몇 수학자들만이 이 사실을 밝힐 수 있었다. 한편 네덜란드의 물리학자 하위헌스는 사이클로이드가 물체를 곡선 상의 어느 위치에 놓더라도 가장 밑바닥으로 미끄러지는데 걸리는 시간이 같은 등시곡선 (tautochrone)임을 밝혔다. 즉, 오른쪽 그림에서 물체가 처음에 점 P로 표시된 어느 위

치에 있더라도 점 O에 도착하는 시간은 모두 같음을 밝혔다.

조금 복잡할 수도 있지만 사이클로이드를 수학적으로 표현해 보자.

원이 회전한 각 θ를 매개변수로 하면 $\theta=0$일 때 점 P는 원점과 같다. 원이 직선과 접해 있으므로 아래 그림에서 보듯이 원점으로부터 원이 구른 거리는

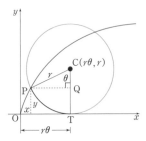

$$|OT| = \text{호 } PT = r\theta$$

이므로 원의 중심은 $C(r\theta, r)$이다. P의 좌표를 (x, y)라 하면

$$x = |OT| - |PQ| = r\theta - r\sin\theta = r(\theta - \sin\theta)$$
$$y = |TC| - |QC| = r - r\cos\theta = r(1 - \cos\theta)$$

따라서 사이클로이드를 식으로 나타내면 다음과 같다.

$$x = r(\theta - \sin\theta),\ y = r(1 - \cos\theta)$$

경복궁을 중건한 흥선 대원군

경복궁은 임진왜란 때 불타고 창덕궁이 정궁의 역할을 했다. 그러다 어린 고종을 대신해 섭정이 된 흥선 대원군은 왕실과 왕조의 권위를 세우고자 경복궁을 중건했다. 경복궁은 불탄 지 270년 정도 지나 다시 세워졌다. 이때 중건된 경복궁이 현재 우리가 보는 경복궁인 것이다.

경복궁에는 왕의 침전인 강녕전(康寧殿)과 왕비의 침전인 교태전(交泰殿)이 있는데, 교태란 '양과 음이 교류한다.'는 뜻으로 주역에 있는 괘 이름이다. 교태전 동쪽에는 대비가 머무는 자경전(慈慶殿)이 있다. 왕이 세상을 떠나면 왕비는 대비가 되어 자경전으로 거처를 옮겼다. 보물 제809호로 지정된 자경전은 경복궁 중건 때 지은 건물이 불타 고종 25년인 1888년에 재건한 것이다. 교태전과 자경전에는 아름다운 꽃담들이 있다.

자경전 후정 담의 중앙부에는 십장생 굴뚝이 있는데, 담장 벽면에는 당시 대왕대비인 조씨(신정 왕후)의 장수를 기원하여 만(卍)·수(壽)·복(福)·강(康)·녕(寧) 등의 글자들과 소나무·국화·거북 등·연꽃·대나무·모란 등의 수복강녕을 기원하는 의미가 있는 문양들로 이루어져 있다. 예를 들어 만의 경우 글자의 모양을 계속 그려 나가면 끝이 없으므로 영원하다는 의미를 지니고, 거북도 장수 동물이다.

또 교태전과 자경전 꽃담에는 육각형과 삼각형을 이용하여 평면을 덮고 그 가운데에 여러 가지 꽃과 나비로 장식한 문양도 있다. 수학에서는 교태전과 자경전 꽃담을 장식한 문양과 같이 한 가지 또는 여러 개의 합동인 기본 도형들을 포개지 않고 빈틈없이 평면을 덮는 방법을 '쪽매맞춤'이라고 한다.

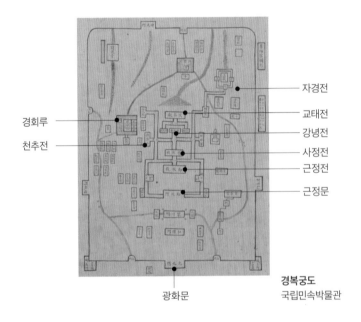

경회루

천추전

자경전

교태전

강녕전

사정전

근정전

근정문

광화문

경복궁도
국립민속박물관

경복궁 꽃담에서 볼 수 있는 쪽매맞춤은 정사
각형과 정육각형 모양을 이용한 것이다. 평면을
빈틈없이 채우려면 오른쪽 그림과 같이 한 꼭짓
점에서 적어도 3개 이상의 다각형이 만나야 하
지만 모양과 크기가 각기 다른 다각형으로 하나

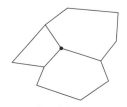

**한 꼭짓점에 모인
세 개의 다각형**

의 평면을 만드는 것은 쉽지 않다. 그래서 모양과 크기가 모두 같은
정다각형으로 평면을 채우는 것이 가장 적합한 것으로 알려져 있다.

그러나 정다각형이라고 해서 무조건 평면을 채울 수 있는 것은 아
니다. 즉, 기본 도형을 어떤 정다각형으로 하든 상관없이 한 꼭짓점에
정다각형을 이어 붙일 때 남거나 겹치지 않게 모두 360°가 되도록 붙일
수 있는 정다각형이어야 한다. 정삼각형의 한 내각의 크기는 60°로 한
꼭짓점에 6개의 정삼각형이 모이면 $60° \times 6 = 360°$를 이루면서 평면을
채울 수 있다. 정사각형의 한 내각의 크기는 90°로 한 꼭짓점에 4개의
정사각형이 모이면 $90° \times 4 = 360°$를 이루면서 평면을 채울 수 있다. 또
정육각형의 한 내각의 크기는 120°로 한 꼭짓점에 3개의 정육각형이
모이면 $120° \times 3 = 360°$를 이루면서 평면을 채울 수 있다. 그러나 정오
각형의 경우 한 내각의 크기가 108°이므로 한 꼭짓점에 3개가 모이면
$108° \times 3 = 324°$ 밖에 되지 않아 평면이 채워지지 않고, 4개가 모이면
$108° \times 4 = 432°$가 되어 360°를 넘으므로 평면을 겹치지 않게 덮을 수
없다. 또 정칠각형의 경우 한 내각의 크기가 $\frac{900°}{7} \approx 128.57°$로 한 꼭짓
점에 3개가 모이면 $\frac{900°}{7} \times 3 = \frac{2700°}{7} \approx 385.71°$가 되어 360°보다 훨

씬 크다. 즉 정칠각형 이상의 정다각형은 한 꼭짓점에 3개가 모이면 모두 360°보다 크기 때문에 평면을 채울 수 없다. 따라서 평면을 겹치지 않게 채울 수 있는 정다각형은 정삼각형, 정사각형, 정육각형 3개 뿐이다.

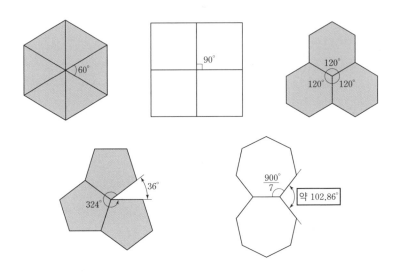

쪽매맞춤은 위의 세 가지 정다각형과 평행이동, 대칭이동, 회전이동 등 여러 가지 변환을 이용하여 다양하게 완성할 수 있다. 정삼각형으로 쪽매맞춤을 하는 경우를 예로 들어보자. 정삼각형의 경우에는 다음 그림과 같이 정삼각형의 내부에 원하는 무늬를 새긴 후, 무늬가 새겨진 여섯 개의 정삼각형을 한 꼭짓점에 모이도록 붙인다. 그러면 정육각형의 내부에 무늬가 새겨진 도형을 얻을 수 있고, 이 도형을 이어 붙이면 마지막 그림과 같은 문양을 완성할 수 있다. 정사각형이나 정육각형의 경우도 이와 같은 방법으로 쪽매맞춤을 완성할 수 있다.

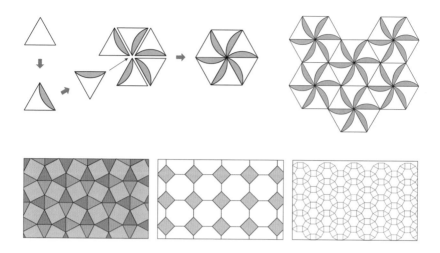

한편, 쪽매맞춤은 똑같은 모양의 정다각형만을 이용하는 경우와 서로 다른 다각형을 이용하는 경우가 있다. 위 그림은 정삼각형과 정사각형, 정사각형과 정팔각형을 이용한 쪽매맞춤, 정삼각형·정사각형·정육각형 모두를 이용한 쪽매맞춤이다. 이와 같이 서로 다른 도형을 이어 붙이는 것을 '반등각등변 쪽매맞춤'이라고 하는데, 이 경우는 12개 이상의 변을 가진 도형으로는 불가능하다는 것이 알려져 있다.

정다각형인 경우에 내각의 크기가 모두 같기 때문에 한 꼭짓점에 몇 개의 정다각형을 모아 정확하게 360°를 맞추는 것은 앞에서 알아본 것처럼 세 가지 뿐이다. 반면에 정다각형이 아닐 경우에는 모양을 변형하여 360°를 맞출 수 있다. 예를 들어 앞에서와 같이 삼각형과 사각형을 이용해 한 꼭짓점에 정사각형 두 개와 삼각형 세 개를 모으면 $90° + 90° + 60° + 60° + 60° = 360°$이므로 쪽매맞춤을 할 수 있다. 오각형의 경우에 정오각형을 반복하여 배치하면 빈틈이 생기거나 겹쳐지지만 정오각형이 아닌 오각형은 15가지 방법으로 쪽매맞춤을 할 수 있으며, 마지막 15번째 방법은 2015년에 새롭게 발견되었다.

경복궁은 꽃담뿐만 아니라 궁궐의 창살에서도 세련되고 우아한 문양을 많이 찾아볼 수 있다. 세계적으로 아름다운 문양으로 장식된 건물로 알람브라 궁전을 들 수 있는데, 우리나라의 창살 또한 이에 못지않게 매우 세련되고 정교하며 다양한 형태의 전통 문양으로 꾸며져 있다.

우리나라의 전통 문양은 기본적으로 '하늘은 둥글고 땅은 네모나다.'는 천원지방(天圓地方)을 바탕으로 추상화된 것이다. 이와 같은 추상화는 세 가지 경향으로 나타난다. 첫째는 우리 조상들이 오래전부터 믿어 왔던 윤회(輪廻) 또는 내세(來世)를 토기, 도자기, 창살, 기와, 조각보, 꽃담

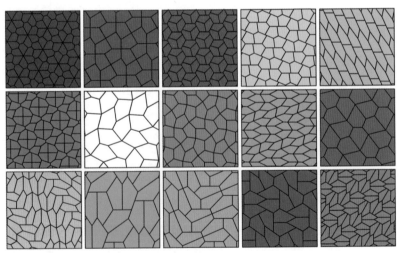

오각형 패턴으로 만들 수 있는 15가지 방법의 쪽매맞춤

자경전 꽃담
꽃담은 담장, 담벼락, 굴뚝 등에 무늬로 장식한 것을 통틀어 이르는 말이다. 자경전 꽃담에는 대비의 만수무강을 기원하는 여러 문양이 그려져 있다.

집옥재 창살문
집옥재는 경복궁 안에 있는 전각으로, 고종이 서재로 썼던 곳이다. 국립중앙박물관 제공

등에 추상화된 문양으로 나타난다. 둘째는 오복신앙(五福信仰)이나 삼다신앙(三多信仰)에서 비롯된 상징 문양으로 나타난다. 셋째는 요사스런 귀신을 물리치기 위한 벽사(辟邪)와 운수가 좋기를 바라는 길상(吉祥) 모양으로 나타난다. 이런 문양은 오랜 생활 경험에서 얻어진 자연과의 조화와 수학적인 원리를 기반으로 우리 민족의 전통적인 사상에 깊숙이 배어 있다.

태종의 책사 하륜 :
승경도와 종이접기

조선 건국에 기여한 하륜이 만들었다고 전해지는 승경도는 조선 시대에 많은 사람이 즐기던 놀이
였다. 놀이판은 종이접기 방법을 활용해서 작게 접어 보관했다. 종이접기는 누구나 놀면서 즐길
수 있는 여가 활동이다. 또한 종이접기를 통해 여러 가지 도형의 성질, 기하학적 이해와 추론 능력
을 학습할 수 있다.

고려 말 조선 초의 혼란기에
승승장구한 하륜과 승경도

이성계가 조선을 건국하자 이에 반대한 고려의 유신 72명은 개성 남동쪽에 있는 부조현이라는 동네에 모여 살았다. 그들은 이곳에 들어가 새 왕조의 회유에도 끝까지 절개를 지키며 외부로 나가지 않고 사회와 단절한 채 살아 사람들은 이 동네를 두문동(杜門洞)이라 불렀다. 한자 '두(杜)'의 뜻은 '막다.'로, 두문은 문을 막아 버린다는 뜻이다. 이방원은 이들을 여러 방법으로 회유하다가 모두 실패하자 두문동을 포위하고

고려 충신 72인을 불살라 죽였다고 한다. 오늘날 출입을 일체 하지 않고 모습을 드러내지 않는 경우를 두문불출(杜門不出)이라고 하는데, 이 말이 두문동에서 비롯된 것이다. 이들 외에도 조선 왕조를 등진 이들이 많았다.

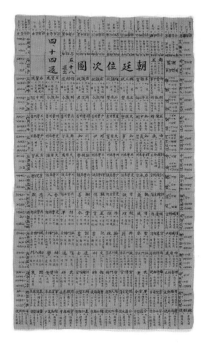

승경도
장병형의 놀이판으로 조선 시대 관직명 등이 적혀 있다. 판서, 승지 같은 중앙 관직 이름뿐만 아니라 경상감사 같은 지방 외관직 이름도 있다. 국립민속박물관

하지만 여러 이유로 조선 왕조에 출사한 이들도 많았다. 정도전, 권근, 하륜 같은 이들이다. 이중 정도전과 하륜은 고려 말 유학자 이색에게 학문을 배웠으나 조선 건국 후 앙숙이 되었다. 조선 건국의 최대 공신인 정도전은 태조 때 큰 힘을 갖고 새 왕조의 밑그

161

림을 그렸다. 정도전이 태조의 막내아들 방석을 세자로 내세우자 하륜은 방원의 편에 섰다. 하륜은 방원이 왕자의 난을 일으켜 3대 왕 태종이된 뒤 출세 가도를 달리며 영의정부사(뒤의 영의정), 좌의정 등을 지내고70세에 세상을 떠났다.

조선 전기의 문화서인《용재총화》에 따르면 조선 시대 많은 사람이 즐겼던 승경도(陞卿圖)놀이를 만든 사람이 하륜이라고 한다. 승경도는 '벼슬살이를 하는 도표'라는 뜻으로 종정도(從政圖)라고도 한다. 하륜은 고려 말 조선 초의 복잡한 정치 지형에서 살아남고 또 관직으로도 승승 장구했으니 승경도를 만들었을 법하기도 하다. 승경도가 조선 초부터 있었다면 역사가 500년이 넘은 것인데, 근대에 와서야 처음으로 인쇄되었고 그 이전까지는 줄곧 붓으로 옮겨 써서 전해졌다.

승경도는 양반가 자제의 진로 교육 놀이

승경도놀이에 필요한 것은 관직 도표인 승경도, 숫자 방망이인 윤목(輪木), 색깔이나 모양을 달리하는 말이다. 오른쪽 그림은 윤목인데, 정오각형 기둥 모양으로 각 모서리에 1부터 5까지의 눈금이 새겨져 있다. 놀이를 할 때는 이것을 굴려서 위의 모서리에 나오는 눈의 수만큼 말을 이동한다. 오늘날의 주사위와 비슷하다고 보면 되는데, 정오각형 기둥 모양이므로 각 눈의 수가 나올 확률은 $\frac{1}{5}$로 모두 같다.

승경도판은 대개 길이가 1.5m, 너비가 1m 쯤 된다. 전체의 $\frac{3}{4}$에 칸을 만들어 관직명을 써 넣는데, 승경도판의 크기에 따라 150개에서 300

개까지 적을 수 있다. 그 짜임새를 보면 가운데 아래에서 위로 하위직부터 차례대로 종9품, 정9품, 종8품, 정8품, 맨 위에는 종1품과 정1품인 최고의 관직을 그려 놓았다. 가장자리 사방에 외직을 그려 넣어 내직에서 외직으로 갔다가 돌아서 다시 내직으로 들어가게 되어 있다. 외직이 있는 가장자리에 벌칙도 제시되어 있다. 즉, 중앙은 내직으로, 바깥 둘레는 외직으로 구성하고 바깥 둘레의 일부분에 벌칙을 두는 식이다.

승경도놀이는 윷놀이와 비슷한데 4~8명이 함께하는 게 적당하다. 승경도를 그려 넣은 말판에 윤목을 던져 나온 끗수에 따라 말을 놓아 하위직부터 승진해 최고 관직에 먼저 도착하면 이긴다. 놀이 방법은 먼저 순서를 정하는데 윤목을 두 번씩 굴려서 출신을 정한다.

처음 굴린 것은 '출신의 큰 구별'이고, 두 번째 굴린 것은 '출신의 작은 구별'이다. 큰 구별은 문과 출신, 무과 출신, 재야에서 공부하다가 벼슬길에 오르는 은일(隱逸) 출신, 음서제에 따라 벼슬길에 나가는 남행(南行) 출신, 군졸 출신의 다섯 가지이다. 작은 구별은 문과·무과 과거 중

윤목
승경도 알이라고도 한다. 이 윤목의 길이는 12센티미터이다. 국립민속박물관

에서 증광과·식년과 등으로 3년마다 한 번씩 정기적으로 보는 과거이다. 은일 출신도 부름을 한 번 받은 것과 두 번 받은 것을 구별하며, 남행에도 생원이나 진사처럼 소과 합격 여부를 따지고, 군졸도 갑사·정병으로 나눈다. 큰 출신이 결정되면 해당하는 말을 나누어 가진다.

그 다음부터는 자신의 출신 칸에서 벼슬살이를 시작한다. 각각이 출발하여 벼슬의 가장 높은 자리에 먼저 올라가는 쪽이 이긴다. 출신에 따라 거치는 관직도 다르고 내직과 외직을 경험하는 것도 달라진다. 중간에 파직되거나 사약을 받기도 하므로 놀이가 갖는 재미를 한층 더하고 있다. 놀이판 구성은 대략 200칸 정도로 되어 있는데, 이것은 놀이가 가지는 흥미도를 고려하여 적당히 조절한 것이다. 칸 수가 많아질수록 놀이가 지루해지기 쉬우므로 이를 고려한 결과로 보인다. 한편 내·외관직 가운데 내관직의 비율이 외관직에 비하여 상대적으로 높은 것으로 나타난다. 이는 승경도놀이가 관직으로 진출하기 위한 진로 교육 목적도 있었는데 권력 핵심이 내관직에 집중되어 있기 때문이다.

다음 표는 승경도놀이에 등장하는 관직을 정리한 한 예이다. 영의정보다 더 위에 있는 사궤장(賜几杖)은 70세가 넘은 원로대신에게 왕이 안석[궤, 접이식 의자]과 지팡이[장]를 하사해 영예롭게 대우하는 것이다.

승경도는 조선 시대 양반가에서 크게 유행하였다.《성종실록》에는 홍문관 관리들이 이 놀이로 밤을 지새웠다는 기록이 있으며, 이순신의《난중일기》에도 승경도를 제작했다거나 놀았다는 내용이 기록되어 있다. 승경도 놀이를 즐긴 이들은 관리부터 소년들까지 다양하다. 특히 어린이나 청소년이 즐겼던 것으로 알려졌는데, 양반가의 청소년들은 자신들이 '잠재적 관리' 또는 '관리 후보자'가 될 수 있었기 때문이었을 것이다. 이들은 승경도놀이를 통해 관리로서의 캐릭터를 가지게 되고, 경험하는 캐릭터는 그들이 관직과 관련되는 공적 정체성을 형성하는 데 중요한 계기가 되었던 것이다.

승경도 관직 입력표

시작	벌칙	무과내직 A	무과외직 A-1	문과내직 B	문과외직 B-1	당상관 C	당산관 외직 C-1
유학 문과 무과 은일 남행	사약 유배 파직 환용	훈련초관 부장 선전관 수문장 비변랑 도총도사 이영중군 훈련부장 포도대장 수어장대 총개대장 어영대장	검정찰방 김천찰방 녹도만호 월송만호 부산첨사 회령부사 공주영장 상주영장 교동수사	차봉 봉사 직장 주부 정언 교리 지평 이조정랑 검상 사인 집의 직제학	검률 포천현감 문경현감 북평사 문의현령 공주판관 안성군수 평안도사 인천도호부사	오위장 부제조 대사성 도승지 동지사 호조참판 대사헌 훈련대장 대제학 병조판서 이조판서 우찬성 좌찬성 우의정 좌의정 영의정 사궤장	전라수사 평안병사 의주부사 제주목사 경주부윤 북병사 평안감사 강원감사 경상감사 경기도관찰사

넓은 승경도 놀이판을 작게 접는 종이접기 방법

승경도는 지역이나 놀이를 하는 사람에 따라 판의 크기가 약간씩 차이가 있지만 대개 가로세로 1미터가 넘는다. 그래서 종이접기를 이용하여 넓은 승경도를 작은 크기로 줄여서 보관해야 한다. 이때 승경도의 각 칸에 있는 내용이 훼손되거나 잘 보이지 않을 수도 있기 때문에 칸의 크기에 맞게 접어야 한다. 접는 방법은 승경도 대부분이 일정하다. 특히 접은 승경도를 훼손하지 않고 쉽게 펼칠 수 있는 방법이 공통적으로 사용된 것으로 보인다. 다음 그림은 승경도를 접는 방법이다.

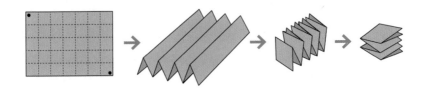

위의 그림에서 알 수 있듯이 승경도는 종이접기 방법을 활용하여 넓은 종이를 작게 만들었다. 사실 종이접기는 누구나 놀면서 즐길 수 있는 자연스럽고 훌륭한 여가 활동이다. 또한 종이접기는 집중력과 섬세한 손놀림으로 두뇌 활동을 자극하는 아주 좋은 놀이이기도 하다. 더욱이 종이접기는 종이를 접는 사이에 무엇인가 새로운 아이디어가 떠오르고, 더 많은 생각을 하게 됨으로써 다시 새로운 것을 만들어 낼 수 있는 창의성을 가진 조형놀이이다. 두 손으로 사각형의 종이를 접어 다양한 형태나 색의 평면이나 입체 조형물을 만들어 내는 활동이기 때문에 예술과 수학뿐만 아니라 과학과 사회 분야에서 교육이나 심리치료에도 효과가 있는 것으로 알려져 있으며, 공간 지각 및 추리 능력 향상에도 긍정적인 효과를 미친다는 연구 결과도 많다.

특히 종이접기에서 기본 도형의 성질과 같은 개념적 지식과 함께 접는 순서와 각 단계에서의 주의할 점을 인식하는 논리성이 개재된 과정적 지식과 같은 양질의 수학적 능력을 학습할 수 있다. 그래서 종이접기는 여러 가지 도형과 선, 각의 등분, 비율 등의 도형이나 기하학적 이해와 추론 능력을 학습할 수 있는 도구로 유용하게 활용되고 있다.

이와 같은 다양한 장점이 있기 때문에 종이접기는 우리 주변에서 쉽게 볼 수 있다. 특별한 테이블 세팅에 냅킨 접기, 집안을 꾸미고 장식하기, 천 마리의 학을 접어 소원 빌기, 또 패션에 응용하기 등이 있다. 과학적 종이접기로는, 눈으로 직접 확인할 수는 없지만 원래 크기의 $\frac{1}{60}$ 정도로 접어 0.1초 안에 순간적으로 펴지게 한 자동차의 에어백, 인공위성이 우주에 도달해 넓게 펼쳐지는 태양 전지판 등도 종이접기를 응용한 것이다. 단백질의 구조를 연구하는 데도 종이접기가 응용된다.

오늘날 수학자들은 새롭고 놀라운 방법으로 종이접기를 이용하고 있는데, 평평한 정사각형 종이를 접는 방법과 형식을 연구하고 분석하여 그래프이론, 조합론, 최적화이론, 테셀레이션, 프렉털, 위상수학, 슈퍼컴퓨터에 응용하고 있다. 특히 종이접기에는 유클리드 기하학적인 모양이나 특성이 많이 들어 있는데, 삼각형, 다각형, 합동, 비율과 비례, 접는 선에 나타난 대칭과 닮음 등이 그것이다.

종이접기는 우리나라에서도 오래전부터 꾸준히 활용되고 있었다. 종이가 전해진 것은 삼국 시대라고 하는데, 이때는 우리나라 제지 기술이 전래된 초기여서 생활용품이나 공예에 사용하기 보단 글을 적는 용도로 많이 썼을 것으로 추측된다. 그러나 이 시기에 주술과 의례용으로 종이를 사용했을 것으로 추정되기 때문에 종이접기는 이때부터 시작된 것으로 보인다. 우리 민족의 종이접기 역사는 일본보다 앞서 있고 그들

1단계		2단계	
종이접기	종이펼치기	종이접기	종이펼치기

두 대각선을 작도한다. 주어진 도형이 정사각형이므로 두 대각선은 서로 수직이등분한다.

두 쌍의 대변의 중점을 연결한 선분을 작도한다. 두 선분은 서로 수직이다.

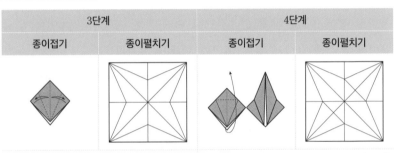

3단계		4단계	
종이접기	종이펼치기	종이접기	종이펼치기

각각의 꼭짓점에서 각을 4등분하는 선분을 작도한다. 각각의 각의 크기는 $\frac{\pi}{8}$ 라디안이다.

3단계에서 얻은 각의 이등분선들의 교점을 이은 두 선분을 작도한다.

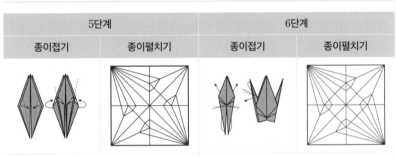

5단계		6단계	
종이접기	종이펼치기	종이접기	종이펼치기

좌상단과 우하단의 각의 이분선을 작도하고, 다른 작은 선분을 작도한다.

4단계에서 그은 선분과 동일한 방법으로 나머지 두 선분을 작도한다.

보다 손재주가 탁월하지만, 종이접기에 대한 관심이 부족해 종이접기의 국제 공용어가 일본어인 오리가미(Origami)로 통용되고 있다.

직사각형 모양의 종이를 일정한 방법으로 접을 때 접히는 종이는 일정한 패턴을 형성하게 되는데, 수학에서는 이와 같은 패턴을 연구한다. 이를테면 왼쪽 그림은 종이학을 접을 때 나타나는 모양을 단계별로 제시한 것이다. 그리고 종이학을 접는 방법을 수학적으로 탐구하려면 마지막 6단계에 제시된 '종이 펼치기' 그림을 연구하면 된다. 특히 사각형의 종이를 접는 방향에 따라 골과 마루가 나타나는데 이런 종이의 접힌 흔적을 0, 1을 이용한 코드와 행렬을 이용해 나타낼 수 있다.

예를 들어 직사각형 모양의 종이를 계속해서 오른쪽(R)으로만 접는 경우를 생각하자. 다음 그림에서 펼친 흔적을 실제로 $(0, 1)-$패턴을 이용하면 어떻게 접은 것인지를 알 수 있다. 여기서 골(점선)을 0 , 마루(실선)를 1이라 하고 나타내면 다음과 같이 나타난다.

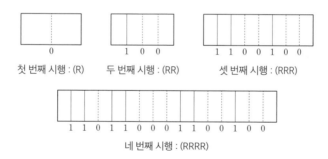

첫 번째 시행 : (R)　　두 번째 시행 : (RR)　　셋 번째 시행 : (RRR)

네 번째 시행 : (RRRR)

	(0, 1) — 패턴	코드의 길이	기본형태
첫 번째 시행	0	1	R
두 번째 시행	100	3	RR
세 번째 시행	1100100	7	RRR
네 번째 시행	110110001100100	15	RRRR

오른쪽뿐만 아니라 왼쪽, 오른쪽과 왼쪽으로 번갈아 접는 방법 등도 모두 위와 같은 방법으로 0과 1의 배열로 나타낼 수 있다.

한편 승경도를 접은 모양과 같이 오른쪽과 왼쪽뿐만 아니라 위(U)와 아래(D)로 접기도 해야 한다. 아래 그림에서 펼친 흔적을 실제로 접지 않더라도 (0, 1)—패턴을 이용하면 흔적을 그릴 수 있다. 골을 0, 마루를 1이라 하고 나타내면 다음과 같다.

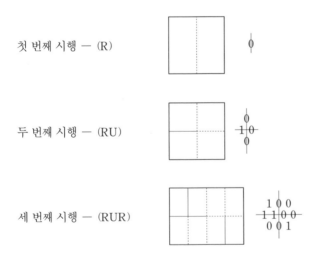

첫 번째 시행 — (R)

두 번째 시행 — (RU)

세 번째 시행 — (RUR)

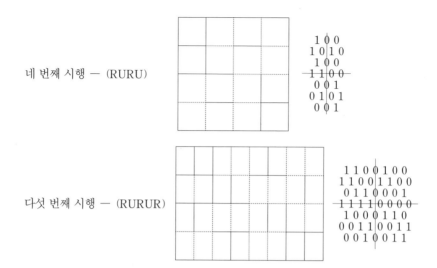

네 번째 시행 — (RURU)

다섯 번째 시행 — (RURUR)

위와 같은 방법으로 승경도의 종이접기를 $(0, 1)-$
패턴으로 나타낼 수 있고, 이를 이용하여 승경도의
종이접기에 대한 특성을 수학적으로 파악할 수 있다.
이를테면 앞에서 보았던 승경도의 종이접기를 $(0,$
$1)-$패턴으로 나타내면 오른쪽과 같다.

```
1 0 1 0 1 0
0 0 0 0 0 0 0
0 1 0 1 0 1
1 1 1 1 1 1 1
1 0 1 0 1 0
0 0 0 0 0 0 0
0 1 0 1 0 1
1 1 1 1 1 1 1
1 0 1 0 1 0
```

승경도를 포함한 종이접기는 위의 방법 이외에도 다양하게 표현할
수 있고, 그때마다 수학적 성질은 약간씩 변할 수 있다. 종이접기는 여
러 가지가 있으므로 각각의 종이접기에 다양한 수학적 방법을 적용하
여 그 성질을 탐구해 볼 수 있다.

직접 수학 공부를 한 세종 :
조선의 산학

조선 시대에도 수학은 토지를 측량하고 천문 현상을 파악하는 데 중요한 학문이었다. 이에 세종은 자신뿐만 아니라 관리들도 산학을 배우도록 장려했다. 과거 시험에도 산학 과목을 넣어 산학 관리를 뽑았다. 산학 교재로는 《상명산법》, 《산학계몽》, 《양휘산법》, 《오조산경》, 《지산》 등이 주로 쓰였다.

**똑똑하고 부지런한 세종,
직접 수학까지 공부하다**

세종은 한글을 만들었을 뿐만 아니라 토지 제도를 정비하고, 천문학·역법 등을 정확히 연구해 실생활에 적용하도록 했다. 토지를 정확히 측량하고 계산하는 데도, 천문 현상을 파악하는 데도 수학은 필수적으로 요구되는 기초 학문이다.

세종 4년, 1422년의 일이다. 서운관(기상 관측 담당 부서, 뒤에 관상감으로 이름이 바뀌었다.)에서는 음력 1월 1일에 일식이 발생할 것이라고 세종에게 보고했다. 이 당시엔 일식이나 월식을 단순한 자연 현상이 아니라 하늘의 뜻을 받은 왕이 통치를 잘못하여 일어나는 재앙으로 여겼다. 일식이나 월식이 일어나면 왕들은 '구식례(救食禮)'를 치렀다. 구식례는 신하들이 소복 차림을 하고 월대(月臺)에서 해나 달을 향해 기도하며 자숙하는 의식이다. 이날도 서운관에서 예측한 일식 시각에 맞춰 왕과 신하들이 준비하고 있었다. 그런데 예측한 시각보다 1각(14.4분) 늦게 일식이 시작됐다. 신하들은 세종에게 일식을 잘못 예측한 관리를 벌해야 한다고 주장했고, 결국 1각을 잘못 예측한 죄로 담당 관리 이천봉이 곤장을 맞았다.

그 뒤 세종은 일식 시각을 잘못 예측한 것이 중국의 하늘에 맞춘 역법 때문임을 알고 우리나라에 맞는 역법을 만들고자 했고, 각고의 노력 끝에 나온 것이 《칠정산내편》과 《칠정산외편》이다. 그런

《칠정산내편》
세종의 명으로 이순지, 정인지, 김담 등이 역법을 연구해 편찬한 책이다. 서울대학교 규장각한국학연구원

데 정확한 역법을 알아내는 데는 천문학뿐만 아니라 산학도 필수적이었다. 세종은 산학을 배워 오라고 관리를 중국에 유학을 보내기도 했다. 역법을 만들기 위해 필요한 산법 중에서 중요하지만 난해한 '방원법(方圓法)'을 상세하게 아는 이가 없자 중국어와 한자를 잘 아는 똑똑한 이를 중국에 보내 산법을 배워 오게 한 것이다.

방원법은 다른 말로 호시할원술(弧矢割圓術)이라고 한다. 호시는 원을 선분으로 잘랐을 때 생기는 도형으로 오늘날에는 활꼴이라고 한다. 호시할원술은 원의 호와 현과 시 사이의 관계를 다루는 것이고, 역법 계산의 기본 원리로 이용되었다.

반지름의 길이가 r인 원 O에서 활꼴이 생기도록 적당한 선분 AB를 그으면 길이가 a인 현 AB가 생긴다. 원둘레의 일부분인 호 $\overset{\frown}{ADB}$의 길이를 c라 하자. 원의 중심 O에서 현 AB에 수선을 내려 현 AB와 호 $\overset{\frown}{ADB}$가 만나는 점을 각각 C, D라 할 때, 선분 CD가 시이고, 길이를 b라 하자. 그러면 직각삼각형 OAC에서 다음을 얻을 수 있다.

$$\overline{OA}=r, \quad \overline{OC}=r-b, \quad \overline{AC}=\frac{a}{2}$$

구고술 즉 피타고라스 정리로부터

$r^2=\{\frac{a}{2}\}^2+(r-b)^2$이므로

다음이 성립한다.

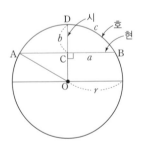

$$\frac{a}{2}=\sqrt{r^2-(r-b)^2} \quad \Longleftrightarrow \quad a=2\sqrt{2br-b^2}$$

조선 시대에는 증명 없이 호의 길이를 다음과 같은 근삿값으로 구했다.

$$c = a + \frac{b^2}{r}$$

따라서 원의 반지름 r과 시 b를 알면 현의 길이 a와 호의 길이 c를 구할 수 있다. 당시 해, 달, 수성, 금성, 화성, 목성, 토성 일곱 개의 천체를 칠정이라 했고, 이들이 원운동을 한다고 생각했으므로 《칠정산》을 완벽하게 하려면 호시할원술을 알아야 했던 것이다.

이런 여러 이유로 산학의 중요성은 높았고, 세종은 자신도 직접 수학을 배웠다. 신하들은 산학자에게 시키면 될 일을 정사에 바쁜 임금이 산학 공부까지 할 필요가 있겠느냐며 반대했다. 게다가 세종은 산학 이외에도 여러 분야에 걸쳐 많은 공부를 하고 있었기 때문에 신하들은 임금의 건강을 걱정하기도 했지만, 세종은 부제학이던 정인지에게 강의를 받아 가며 산학에 열의를 보였다.

임금이 계몽산啓蒙算을 배우는데, 부제학 정인지가 들어와서 모시고 질문을 기다리고 있으니, 임금이 말하기를, "산수算數를 배우는 것이 임금에게는 필요가 없을 듯하나, 이것도 성인이 제정한 것이므로 나는 이것을 알고자 한다." 하였다. 《세종실록》 중에서

세종이 공부했다는 계몽산은 원나라 주세걸이 지은 《산학계몽》이란 수학책으로 곱셈·나눗셈, 무게의 단위 환산, 도량형의 표시, 농토의 측량 단위, 원주율, 분수, 음수·양수끼리의 연산 4칙, 제곱근 구하기 등이

주요 내용이다.

세종은 직접 수학 문제를 풀면서 공부했을 뿐만 아니라 사대부를 포함한 관리들도 산학을 배우도록 장려했다. 경상도 감사가 중국 송에서 출간된 수학책《양휘산법》100권을 올리자 이를 집현전, 호조, 서운관의 습산국(習算局)에 골고루 나누어 내렸다고도 한다. 이렇듯 세종은 기초 학문으로서의 산학의 중요성을 깨달아 직접 수학을 공부하고, 산학자들을 격려했으며, 또 학자들까지 연구하고 조사하게 했다.

국가 고시를 통과한
산학자들

조선은 건국 초기부터 고려의 산학 제도를 이어받아 산학 관리를 뽑는 시험이 시행되었으며 그 과목도 정해져 있었다. 세종 때 제정된 십학(十學, 국가 운영에 필요한 전문 관리를 양성하기 위한 10개의 학술 및 교육 분야)의 산학 교재를 보면《상명산법》,《산학계몽》,《양휘산법》,《오조산경》,《지산》이다. 책 이름을 따서 상명산, 계몽산, 양휘산, 오조산, 지산으로 부른다. 그 뒤에 만들어진 조선의 기본 법전인《경국대전》에는《상명산법》,《산학계몽》,《양휘산법》을 산학의 필수 교재로 명시했다.

산학 취재는 1년에 4회, 호조가 주관해 치렀다. 원래 과거를 담당하는 부서는 예조였지만, 인구 조사, 건설, 재정 등의 업무를 담당하는 호조에 산학이 필수적이므로 산학 취재를 주관한 것이다. 산학 시험에 응시하는 이들은 주로 중인 계층이었다. 취재에 합격하면 호조에 소속된 산사(算士), 요즘으로 치면 수학 기술사 시험을 통과한 공무원이 되었는데 여러 부서의 회계 업무를 총괄했다.

그런데 산사는 관직이 체아직(遞兒職)으로, 문무관 같은 정직이 아니라 교대로 근무하며 녹봉을 받는 직이었다. 호조의 산사를 비롯해 전의감 관리, 혜민서 의원, 사역원의 역관 등이 체아직이었다. 체아직은 진급에도 한계가 있어 근무 일수가 차면 품계가 올라가며 일정한 품계에 이르면 다른 관직으로 옮겨 품계만 올라가고 어느 한계에 이르면 더 이상 품계가 올라가지 않았다. 즉, 아래와 같았다.

산사 이하는 모두 체아직으로 재임 기간이 514일이 되면 한 품계 올라가며 종6품에서 그 직을 물러난다. 계속 근무를 원하는 사람은 900일마다 품계를 올려주되 정3품 이상은 올라갈 수 없다.

그런데 세종 대의 산학에 대한 열의는 갈수록 식었고 산사들의 능력이나 성의도 떨어졌다. 산학을 공부한 임금도 세종이 마지막이었을 정도였다. 세조 때의 기록을 보면, 세종 때에는 수입된 역법 책을 보며 문신과 수학자들이 수학 계산법을 먼저 익히고 역법 책을 이해하게 했고, 수학 계산원(역산소)에서 계속 공부하게 해 수학과 역법에 모두 통달했으나, 지금은 공부도 안하고 사람도 없다며 통탄하는 내용이 나온다. 더구나 《경국대전》 공무원 관직표에 체아직으로 명시된 이래로 관료 조직 내 산학의 낮은 지위는 조선 전 시기를 통해서도 끝내 개선되지 않았다. 그런데 초기에 《경국대전》에는 호조에서 양성하는 산생(算生)의 수가 15명으로 정해졌지만, 영조 때 편찬한 《속대전續大典》에는 61명으로 그 수가 대폭 늘어났다. 이는 행정 기조가 확대되고 복잡해지면서 계산 기술을 필요로 하는 업무의 범위가 늘었음을 의미한다.

조선 시대의
수학 국가고시 교재들

이제 앞에서 언급된, 조선 시대 수학 국가고시의 교재들에 대해 간단히 알아보자. 《상명산법》은 상하 두 권이며, 고려 말에 들여온 명나라 초의 《이씨명경당판》을 세종대에 복간한 것으로 추정한다. 이 책은 계산할 때 산목(算木)만을 사용하면서도 산목의 사용법은 따로 설명하지 않고 있다. 우리 조상들은 계산과 측량의 도구로써 산목, 결승(새끼줄 묶어 수를 셈하기), 각기(刻記, 나무토막에 빗금을 그어 셈하기, 탤리), 자, 컴퍼스, 먹줄 등을 사용했는데, 특히 산목으로 가감승제의 계산을 해왔다.

《양휘산법》은 13세기 후반 남송의 수학 르네상스를 대표하는 양휘가 지은 책으로, 조선 시대 수학의 성격을 결정짓는 데 큰 영향을 미쳤다.

《양휘산법》 문화재청

《산학계몽》 국립민속박물관

직접 수학 공부를 한 세종 : 조선의 산학

1433년에 경상도 감사가 세종에게 올렸다는 바로 그 수학책이다. 임진 왜란 때 조선에서 찍어 낸 판본이 일본으로 넘어가 이른바 일본 전통 수학인 '와산[和算]'의 기폭제가 되었다. 우리나라 한 소장가가 갖고 있던 《양휘산법》 목판본이 보물 제1755호 지정되었는데, 중국에도 남아 있지 않는 가장 오래된 판본이다.

이 책은 〈승제통변산보乘除通辯算寶〉 3권, 〈전무비류승제첩법田畝比類乘除捷法〉 2권, 〈속고적기산법續古摘奇算法〉 2권으로 이루어져 있다. 〈승제통변산보〉는 곱셈과 나눗셈, 〈전무비류승제첩법〉은 농지의 넓이에 대한 다양한 계산법을 다룬다. 〈속고적기산법〉은 기이한 문제, 옛날 풀이법과 계산법을 소개하고 있다.

〈속고적기산법〉 상권에는 다양한 마방진이 소개되어 있다. 아래와 같은 4차 마방진을 '꽃 16송이의 그림'이라는 뜻의 화십육도(花十六圖)라 했다. 〈속고적기산법〉에 제시된 풀이법은 다음과 같다.

1	2	3	4
5	6	7	8
9	10	11	12
13	14	15	16

➡

16	2	3	13
5	6	7	8
9	10	11	12
4	14	15	1

➡

16	2	3	13
5	11	10	8
9	7	6	12
4	14	15	1

먼저, 바깥쪽 네 귀퉁이의 숫자들을 서로 맞바꾼다(1을 16과, 4를 13과 바꿈). 다음에는 안쪽 네 귀퉁이의 숫자들을 서로 맞바꾼다(6을 11과, 7을 10과 바꿈). 맞바꾸는 것이 끝나면 가로, 세로, 대각선 합은 모두 34이다. 맞바꾸

는 것이 끝나면 작은 숫자들에게는 보탬이 된다. 이는 또한 일반적인 풀이법이기도 하다.

〈속고적기산법〉하권에는 이른바 '학 거북 셈'으로 알려진 다음과 같은 연립방정식 문제도 있다.

꿩과 토끼가 같은 조롱에 들어 있는데, 위로는 머리가 35개이고, 아래로는 다리가 모두 94개이다. 각각 몇 마리씩인가?

답 : 꿩 23마리, 토끼 12마리

이 문제를 현대적으로 풀면, 꿩과 토끼의 마리수를 각각 x, y라 하면 다음과 같다.

$$x+y=35 \qquad 2x+4y=94$$

오늘날 중학교에서 배우는 수준의 내용이다. 그런데 모든 문제가 이처럼 쉬운 것은 아니다. 약간 어려운 다음 문제를 보자.

직사각형 밭의 넓이가 864보인데, 너비가 길이보다 12보 짧다고만 되어 있으면, 길이와 너비의 합은 몇 보인가?

답 : 60보

풀이 : 넓이를 4로 곱하고, 차이의 보수를 제곱하여 더한 다음 제곱근을

구한다.

계산법에 따라 넓이를 4배 하면 4개의 길이와 4개의 너비로 둘러싸인 넓이의 합은 3456보가 되고, 다시 차이의 제곱인 144를 더하면 도합 3600이 되는데, 제곱근을 구하면 60보가 되어 답이 나온다.

이 문제는 길이와 너비를 각각 x, y라 하면 다음이 성립한다.

$$x+y=\sqrt{(x-y)^2+4xy}$$

즉, 제곱근 또는 무리방정식을 풀어야 하는 문제이다. 이와 유사한 문제가 고려 때 중요했던 수학책인 《구장산술》에도 있으므로 조선의 산학 취재 문제도 고려와 비슷했음을 짐작할 수 있다. 물론 실제 시험에는 이보다 더 어려운 문제가 출제되었을 것이다.

계몽산이라고도 하는 《산학계몽》은 중국 원나라 초기 수학자였던 주세걸이 쓴 수학책으로 정식 이름은 《신편산학계몽》이다. 이 책은 서론에서 곱셈 및 나눗셈의 구구, 근량의 환산, 산목을 이용한 수의 표시법, 큰 수와 작은 수, 도량형 표시, 땅 측량의 단위, 원주율에 대한 고금의 수치, 기본 분수의 명칭, 음수와 양수의 가감승제, 연립방정식의 풀이 등을 소개하고, 본론에서 20장 259개의 문제를 상·중·하의 3권으로 나누어 다루고 있다. 상권과 중권의 내용은 《상명산법》이나 《양휘산법》과 같은 종류의 응용문제로 비례식이나 학 거북 셈, 어림셈, 땅의 넓이 셈 등인데, 쉬운 문제는 설명 없이 답만 제시하고 있어 문제를 다루는 수준이 높았음을 알 수 있다. 하권은 더욱 어려운 문제인 급수의 공식,

연립방정식 문제, 고차방정식의 해법 등을 다루고 있다. 다음은 하권에 있는 문제이다.

> 지금 정사각뿔대가 있는데, 부피는 258자이다. 다만 높이는 아래 모서리
> 보다 2자 작지만, 위 모서리보다는 1자 크다고 한다. 위와 아래 모서리 및
> 높이는 각각 얼마인가?

이 문제를 현대적으로 풀어 보자.

부피가 258세제곱자인 정사각뿔대에서 위
모서리의 길이를 x라 하면, 높이는 $x+1$, 아래
모서리의 길이는 $x+3$이다. 그래서 정사각뿔대
의 부피 V의 3배는 다음과 같다.

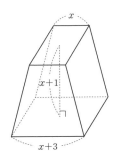

$$3V = (x+1)\{x^2 + (x+3)^2 + x(x+3)\}$$
$$= (x+1)(3x^2 + 9x + 9)$$
$$= 3x^3 + 12x^2 + 18x + 9$$

부피의 3배는 $3 \times 258 = 774$이므로 다음 삼차방정식을 얻을 수 있다.

$$774 = 3x^3 + 12x^2 + 18x + 9 \Leftrightarrow 3x^3 + 12x^2 + 18x - 765 = 0$$

이 삼차방정식의 양수 해를 구하면 $x=5$이므로 정사각뿔대의 위 모
서리는 5자, 아래 모서리는 8자, 높이는 6자이다.

그 다음《오조산경》을 알아보자. 오조란 전조(田曹), 병조(兵曹), 집조(集曹), 창조(倉曹), 금조(金曹)의 부처를 말하며, 각 부처에서 필요한 계산술을 소책자로 만든 수학책이《오조산경》이다. 이 책은 평이하고 실용적인 문제만을 모아 놨는데, 예를 들면 다음과 같은 문제들이다.

전조 : 농지 면적의 계산법에 관한 문제

지금 환전(環田, 두 개의 동심원 사이의 땅)이 있다. 큰 원의 둘레가 30보, 작은 원의 둘레가 12보, 큰 원과 작은 원의 반지름의 차가 3보일 때, 그 면적은 얼마인가?

병조 : 병사의 징집, 양곡이나 의복의 급여, 소나 말의 사료 등에 관한 문제

장정 23692명 중에서 5923명을 징집하려고 할 때, 몇 사람 중 한 명꼴로 뽑으면 되는가?

마지막으로《지산》은 지리(地理)에 관한 것으로 추정될 뿐 안타깝게도 현재 전해지지 않는다.

지금까지 소개한 책의 내용과 수준으로 보아 조선 시대 산학의 교육 과정은《상명산법》→《양휘산법》→《산학계몽》의 순서로 단계적으로 가르친 것으로 추정된다. 세종이 직접 공부했다는《산학계몽》은 필수 수학 교재 중에서도 가장 수준이 높은 편이었다.

아주아주 독특한 훈민정음 :
수학적이고 과학적인 글자

한글은 천지자연의 소리를 발음하는 원리를 바탕으로 간단한 기호를 사용해 세상의 모든 것을 표현할 수 있도록 고안되었다. 또한 사상, 합성, 순서 관계, 2차원 배열 같은 수학적 개념이 활용된 문자이다. 한글은 전 세계 문자 중 문자의 창제 원리와 연도, 만든 사람과 목적이 밝혀진 유일한 문자이다.

문자를 만든 연도·사람·목적·원리가 명확한 훈민정음

본디 우리나라는 말은 있었지만 글이 없었다. 그래서 다른 나라 문자를 빌려 우리말을 표기하는 차자 표기(借字表記)를 했는데, 삼국 시대부터 조선 초까지 주로 한자의 음과 훈(訓 : 풀이)을 빌려 쓴 이두와 향찰을 사용했다. 향찰은 한자의 음과 뜻을 빌려 쓰는 것으로 신라 가요인 향가가 향찰로 기록되었다. 《삼국유사》에 신라 향가 14수,《균여전》에 고려 향가 11수가 전해진다. 다음은 향찰로 기록된 '서동요'이다.

善化公主主隱 (선화공주주은, 선화공주님은)

他密只嫁良置古 (타밀지가량치고, 남 몰래 사귀어 두고)

薯童房乙 (서동방을, 서동 서방을)

夜矣卯乙抱遺去如 (야의묘을포견거여, 밤에 몰래 안고 간다.)

그런데 이두와 향찰은 한자를 알아야 쓸 수 있었고, 한자가 식자층의 문자로 널리 쓰인 뒤에도 우리말과 달랐기 때문에 문자 생활은 여전히 불편했다. 그래서 우리말에 맞는 문자가 필요했다. 특히 조선은 개국 후 민본 사상이 발달하면서 백성들이 배우기 쉬운 우리 문자를 만들어 국가의 통치 이념을 백성들에게 직접 전달할 필요성이 더욱 커졌다. 마침내 백성에 대한 사랑과 학문에 대한 열의가 가득했던 세종이 우리글인 '훈민정음', 즉 한글을 만들었다.

우리 역사상 가장 뛰어난 왕으로 꼽히는 세종은 앞장서서 여러 학자들을 다독이며 문자 창제를 이끌었고, 세자(뒤의 문종)를 비롯한 여러 왕자, 공주들까지 세종을 도왔다. 마침내 1443년인 세종 25년에 훈민정음이 창제되었는데,《세종실록》의 12월 30일자 기록을 살펴보면 다음과 같다.

> 이달에 임금이 친히 언문諺文 28자를 지었는데, 그 글자가 옛 전자篆字를 모방하고, 초성·중성·종성으로 나누어 합한 연후에야 글자를 이루었다. 무릇 문자에 관한 것과 이어俚語에 관한 것을 모두 쓸 수 있고, 글자는 비록 간단하고 요약하지만 전환하는 것이 무궁하니, 이것을 훈민정음이라고 일렀다.

훈민정음이 창제된 다음 세종 대왕과 정인지, 그리고 집현전 학자인 최항, 박팽년, 신숙주, 성삼문, 강희안, 이개, 이선로 등은 '글자 훈민정음을 만든 취지와 원리, 풀이와 용례'를 자세하게 쓴 책《훈민정음해례본訓民正音解例本》을 1446년 음력 9월 초에 펴냄으로써 한글은 세상에 널리 알려지게 되었는데, 이에 대하여《세종실록》1446년 음력 9월 29일자에 다음과 같이 기록되어 있다.

> 이달에《훈민정음》이 이루어졌다. 어제御製. 임금이 몸소 지은 글에,
> "나랏말이 중국과 달라 한자와 서로 통하지 아니하므로, 우매한 백성들이 말하고 싶은 것이 있어도 마침내 제 뜻을 잘 표현하지 못하는 사람이 많다. 내 이를 딱하게 여기어 새로 28자를 만들었으니, 사람들로 하여금 쉬 익히어 날마다 쓰는 데 편하게 할 뿐이다. ㄱ은 아음牙音이니 군자의 첫

《훈민정음해례본》
한글의 자음과 모음을 만든 원리와 운용법 등을 설명한 책으로, 한문으로 쓰여 있다. 국보 제70호이다.

발성과 같은데 가로 나란히 붙여 쓰면 ㄲ자의 첫 발성과 같고, ㅋ은 아음이니 쾌자의 첫 발성과 같고, ㆁ은 아음이니 업자의 첫 발성과 같고, (종략)

ㆍ, ㅡ, ㅗ, ㅜ, ㅛ, ㅠ는 초성의 밑에 붙여 쓰고, ㅣ, ㅓ, ㅏ, ㅑ, ㅕ는 오른쪽에 붙여 쓴다. 무릇 글자는 반드시 합하여 음을 이루게 되니, 왼쪽에 1점을 가하면 거성去聲이 되고, 2점을 가하면 상성上聲이 되고, 점이 없으면 평성平聲이 되고, 입성入聲은 점을 가하는 것은 같은데 촉급促急하게 된다."
라고 하였다. 예조 판서 정인지의 서문에,

"천지자연의 소리가 있으면 반드시 천지자연의 글이 있게 되니, 옛날 사람이 소리로 인하여 글자를 만들어 만물의 정을 통하여서, 삼재三才의 도리를 기재하여 뒷세상에서 변경할 수 없게 한 까닭이다. 그러나 사방의 풍토가 구별되매 성기聲氣도 또한 따라 다르게 된다. 대개 외국의 말은 그 소리는 있어도 그 글자는 없으므로, 중국의 글자를 빌려서 그 일용日用에 통하게 하니, 이것이 둥근 장부가 네모진 구멍에 들어가 서로 어긋남과 같은데, 어찌 능히 통하여 막힘이 없겠는가. (중략)

옛날에 신라의 설총이 처음으로 이두를 만들어 관부와 민간에서 지금까지 이를 행하고 있지마는, 그러나 모두 글자를 빌려서 쓰기 때문에 혹은 간삽艱澁하고 혹은 질색窒塞하여, 다만 비루하여 근거가 없을 뿐만 아니라 언어의 사이에서도 그 만분의 일도 통할 수가 없었다.

계해년 겨울에 우리 전하께서 정음 28자를 처음으로 만들어 예의例義를 간략하게 들어 보이고 명칭을 '훈민정음'이라 하였다. (이하 생략)"

세종 대왕이 우리글을 만들 당시 이름은 '훈민정음'이었으나 그 뒤 언문, 반절 등 여러 이름으로 불리다 주시경이 처음으로 '한글'이라는 이름을 붙였고, 그 뒤 '한글'로 널리 쓰여 지금도 한글이라 부른다. 한글(훈민정음)은 전 세계 문자 중 문자의 원리, 만든 연도·사람·목적이 밝혀진 유일한 문자이다.

수학적 구조를 담고 있는 훈민정음

최근 학자들은 한글에 수학적 구조를 표현하는 다양한 형식이 활용됐음을 알아냈다. 이때 활용된 수학적 개념은 사상(寫像, mapping), 합성, 순서 관계, 위상 공간, 격자도 같은 매우 추상적인 것들이다.

예를 들어 한글은 자음과 모음이 나오는 순서가 정해져 있고 자음과 모음의 합성으로 소리가 나는 문자가 완성되므로 훈민정음에는 순서

관계와 합성의 개념이 들어 있다. 또한 자모 'ㅊ, ㅐ, ㄱ'은 좌우로만 나열된 일차원적 배열이지만 완성된 글자 '책'은 좌우뿐만 아니라 위와 아래가 있는 2차원적 배열이다. 즉, 한글은 일차원적인 배열을 2차원 평면으로 변형하므로 기학적으로 차원이 달라져 차원의 확장에 관한 수학적 개념이 요구된다. 일차원적 나열을 이차원으로 옮기는 게 쉬워 보이지만 매우 획기적인 사고의 확장이 필요하다. 예를 들어 영어는 알파벳에서 'm, a, t, h, e, m, a, t, i, c, s'를 선택한 후 단어 'mathematics'를 완성해도 일차원적 나열을 일차원적으로 표현한 것에 불과하다. 한자는 한글의 자모나 영어의 알파벳처럼 미리 정해진 기호만을 사용하여 글자를 완성하는 방식이 아니라 글자 하나에 뜻이 담겨 있어 높은 차원이던 뜻을 점 하나에 모으는 것과 같으므로 고차원을 점의 차원인 0차원으로 만드는 것과 같다고 할 수 있다. 즉, 한글은 영어나 한자와 달리 기하학적으로 차원을 확장하는 문자이다.

한글은 수학적으로 차원 확장의 개념이 도입되었음에도 의외로 간단한 기호를 사용해 세상의 모든 것을 표현할 수 있도록 고안되었다. 이런 고안은 '하늘은 둥글고 땅은 네모나다.'는 천원지방(天圓地方)의 사상을 바탕으로 한다. '훈민정음'의 자음은 천지인(天地人)을 상징하는 원(圓, ○), 방(方, □), 각 (角, △)의 삼극(三極)의 모습과 발음 기관인 혀의 모양을 따

ㄱ	ㄴ	ㄷ	ㄹ	17자 자음
ㅁ	ㅂ	ㅅ	ㅇ	
ㅈ	ㅊ	ㅋ	ㅌ	
ㅍ	ㅎ	ㆆ	ㆁ	
ㅿ	·	ㅏ	ㅑ	
ㅓ	ㅕ	ㅗ	ㅛ	
ㅜ	ㅠ	ㅡ	ㅣ	11자 모음

28자

랐다. 또한 다섯 개 기본 자음인 'ㄱ, ㄴ, ㅁ, ㅅ, ㅇ'의 모양과 소리는 오행의 뜻을 따랐다.

오늘날 우리가 사용하고 있는 한글은 자음 14자, 모음 10자로 모두 합하여 24자이지만, 15세기 훈민정음은 모음 '•아래아', 자음 'ㆆ여린히읗', '△반시읏', 'ㆁ옛이응'을 더해 28자였다. 즉, 훈민정음은 자음 17자, 모음 11자로 이루어졌다.

자음은 '닿소리'라고도 하는데, 닿소리란 목구멍에서 숨이 나올 때 그 숨이 입안 어딘가에 닿으면서 만들어진 소리라는 뜻이다. 우리 입안에서 닿소리가 만들어지는 자리는 어금니, 혀, 입술, 이, 목구멍 모두 다섯 곳이고, 그 다섯 발음 기관의 모양을 본떠 만든 5개의 기본 자음이 'ㄱ, ㄴ, ㅁ, ㅅ, ㅇ'이다.

위의 그림은 자음을 발음할 때 발음 기관의 모양이다. 이 그림을 보고 'ㄱ' 표시 부분을 확인하면 어떻게 'ㄱ'이란 글자가 만들어졌는지 알 수 있다. 이처럼 자음은 발음 기관의 모양을 본떠 만들었다.

모음은 '홀소리'라고도 하는데, 홀소리란 목구멍에서 숨이 나올 때 입안 어디에도 닿지 않고 혼자서 나는 소리라는 뜻이다. 그런데 모음은 발음 기관의 모양을 본뜬 자음과는 달리 '하늘, 땅, 사람' 삼재(三才)의 모양을 본떴다.

모음의 기본이 되는 3개의 기호인 •, ㅡ, ㅣ도 각각 원, 방, 각을 축소시킨 모습인데, ○은 •으로, □은 ㅡ로, △는 ㅣ로 축소된 모양이다.

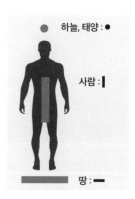

모음은 소리를 낼 때 혀의 모양이 각각 다르고 그 느낌도 서로 다르다. '•'는 혀가 오그라들고 소리가 깊으며 'ㅡ'는 혀가 조금 오그라들고 소리가 깊지도 얕지도 않으며, 'ㅣ'는 혀가 오그라들지 않고 소리는 얕다고 한다.

모음의 첫 번째인 ㅏ는 사람의 동쪽에 태양이 있는 모습인 'ㅣ•'으로 양(陽)모음이고, ㅓ는 사람의 서쪽에 태양이 있는 모습인 '•ㅣ'으로 음(陰)모음이다. 또 ㅗ는 땅 위에 태양이 있는 모습인 'ㅗ'로 양모음이고, ㅜ는 땅 아래에 태양이 있는 모습인 'ㅜ'로 음모음이다. 또 •을 두 번씩 합치면 ㅑ, ㅛ, ㅕ, ㅠ가 만들어져서 모음은 모두 11자가 된다. 이러한 모음자는 하늘(양성)과 땅(음성)의 음양 사상과 여기에 사람(중성)까지 함께 조화롭게 어울리는 문자 철학 사상을 담고 있다. 한글은 천지자연의 소리를 발음하는 원리와 철학을 바탕으로 만든 수학적이며 과학적인 글자이다.

인류는 좀 더 실용적이고 과학적인 문자를 만들고자 애써 왔다. 그래서 한자와 같은 뜻글자나 자음과 모음이 분리되지 않는 일본어 같은 음절 문자보다는 자음과 모음이 분리되어 실용적인 영어 알파벳(로마자)과 같은 자모 문자(음소 문자)가 널리 쓰이고 있다. 한글 또한 음소 문자이다.

한글은 과학성과 실용성을 두루
갖춘 문자이다. 15세기 훈민정음
28자를 중심으로 한글의 과학성과 실용성을 다섯 가지 정도로만 추려
보면 다음과 같다.

첫째, 앞에서 살펴본 것처럼 말소리가 나오는 발음 기관과 조음 작용
을 정확하게 관찰하고 분석하여 이를 문자에 반영했다. 특히 자음은 특
정 발음 기관에 닿아 나는 소리이기 때문에 오
른쪽 그림과 같이 다섯 곳(입술, 이, 윗잇몸에 닿는
혀, 목구멍을 막는 혀, 목구멍)을 본떠 만들었다. 모음
기본 석자 •, ㅡ, ㅣ 는 각각 하늘과 땅과 사람
을 본떠 만들었지만 이는 양성은 양성끼리 음
성은 음성끼리 어울리는 우리말의 특성을 반영하기 위한 전략이었다.

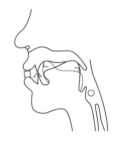

둘째, 기본자를 바탕으로 다른 글자를 만드는 과정이 규칙적이다. 자
음은 'ㅅ ㅡ ㅈ ㅡ ㅊ'과 같이 획을 더하고, 모음은 세 개의 기본자를 합성
하는 방식이 규칙적이다. 이렇게 한글은 최소의 문자를 통해 기본 글자
를 만들어 간결하고 실용적이다.

15세기 훈민정음은 모두 28자이지만 기본자는 모음 석 자(•, ㅡ, ㅣ),
자음 다섯 자(ㄱ, ㄴ, ㅁ, ㅅ, ㅇ)에 불과하다. 나머지는 기본자에서 규칙적으
로 확장된 문자이므로 간결한 특성을 갖추었다. 또한 받침으로 쓰는 끝
소리 글자는 첫소리 글자를 가져다 써서 최소 낱자로 많은 글자를 만들
수 있다. 예를 들면 '각'이나 '몸'과 같은 글자를 보면 같은 자음인데 첫
소리에도, 끝소리에도 쓰인다. 만약 끝소리 글자를 다르게 만들었다면

글자 수가 너무 많아 쉽게 배울 수 없었을 것이다.

셋째, 첫소리 글자, 가운뎃소리 글자, 끝소리 글자를 합쳐 모아쓰는 방식이 규칙적이고 실용적이어서 글자를 빨리 읽고 쓸 수 있다. 만약 '한글'을 'ㅎㅏㄴㄱㅡㄹ'과 같이 풀어썼다면 쉽게 이해하기 힘들고, 읽는 속도도 느려졌을 것이다. 풀어쓸 때보다 모아쓸 때 2.5배 더 빨리 읽는다는 실험 결과도 있다.

ㅎ ㅐ ㅇ ㅂ ㅗ ㄱ ㅎ ㅏ ㄴ ㅅ ㅜ ㅎ ㅏ ㄱ

➡ 행복한 수학

넷째, 소리 성질과 문자 모양이 규칙적으로 대응한다. 예사소리 'ㄱ, ㄷ, ㅂ, ㅈ', 된소리 'ㄲ, ㄸ, ㅃ, ㅉ', 거센소리 'ㅋ, ㅌ, ㅍ, ㅊ'이 규칙적으로 대응한다.

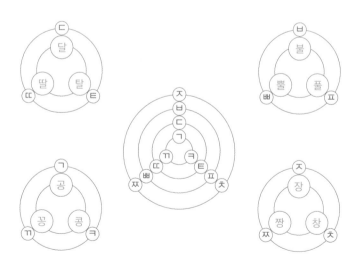

소리 성질과 문자 모양 규칙 대응

다섯째, 한 글자는 하나의 소리로, 한 소리는 하나의 글자로 대부분 일치한다. 예를 들어 영어에서 'a'는 단어에 따라서 '아'와 '애' 등의 여러 가지로 소리가 나지만 한글의 '아'는 '아버지', '아리랑'과 같이 소리가 하나이다.

한글의 특성은 과학의 최첨단 분야인 휴대 전화에서 더욱 빛을 발하는데, 예를 들어 모음자 합성 방식을 잘 살린 '천지인' 방식이 대표적이다.

제품명	배치도	특징
천지인	ㅣ · ― ㄱㅋ ㄴㄹ ㄷㅌ ㅂㅍ ㅅㅎ ㅈㅊ * ㅇㅁ #	모음 합성 원리를 잘 살림

한글은 모음자를 중심으로 모아서 쓴다. 모음자를 중심으로 첫소리 자음과 끝소리 자음(받침)을 모아서 쓰는 것이다. 물론 받침이 없는 글자도 있다. 가로로 풀어쓰는 영어 알파벳과 다른 이런 특징 때문에 한글은 가로뿐만 아니라 세로로도 글자를 배열할 수 있는데, 그래서 바둑판처럼 논리정연하게 배열되는 음절표가 생긴 것이다.

무엇보다 모아쓰기 음절 글자의 장점은 자음과 모음을 결합하여 수많은 음절 글자를 생성할 수 있다는 점이다. 과학적 원리의 실용성을 보

현대 한글 음절표

	ㄱ	ㄴ	ㄷ	ㄹ	ㅁ	ㅂ	ㅅ	ㅇ	ㅈ	ㅊ	ㅋ	ㅌ	ㅍ	ㅎ	ㄲ	ㄸ	ㅃ	ㅆ	ㅉ
ㅏ	가	나	다	라	마	바	사	아	자	차	카	타	파	하	까	따	빠	싸	짜
ㅑ	갸	냐	댜	랴	먀	뱌	샤	야	쟈	챠	캬	탸	퍄	햐	꺄	땨	뺘	쌰	쨔
ㅓ	거	너	더	러	머	버	서	어	저	처	커	터	퍼	허	꺼	떠	뻐	써	쩌
ㅕ	겨	녀	뎌	려	며	벼	셔	여	져	쳐	켜	텨	펴	혀	껴	뗘	뼈	쎠	쪄
ㅗ	고	노	도	로	모	보	소	오	조	초	코	토	포	호	꼬	또	뽀	쏘	쪼
ㅛ	교	뇨	됴	료	묘	뵤	쇼	요	죠	쵸	쿄	툐	표	효	꾜	뚀	뾰	쑈	쬬
ㅜ	구	누	두	루	무	부	수	우	주	추	쿠	투	푸	후	꾸	뚜	뿌	쑤	쭈
ㅠ	규	뉴	듀	류	뮤	뷰	슈	유	쥬	츄	큐	튜	퓨	휴	뀨	뜌	쀼	쓔	쮸
ㅡ	그	느	드	르	므	브	스	으	즈	츠	크	트	프	흐	끄	뜨	쁘	쓰	쯔
ㅣ	기	니	디	리	미	비	시	이	지	치	키	티	피	히	끼	띠	삐	씨	찌
ㅐ	개	내	대	래	매	배	새	애	재	채	캐	태	패	해	깨	때	빼	쌔	째
ㅔ	게	네	데	레	메	베	세	에	제	체	케	테	페	헤	께	떼	뻬	쎄	쩨
ㅖ	계	녜	뎨	례	몌	볘	셰	예	졔	쳬	켸	톄	폐	혜	꼐	뗴	뼤	쎼	쪠
ㅒ	걔	냬	댸	럐	먜	뱨	섀	얘	쟤	챼	컈	턔	퍠	햬	꺠	떄	뺴	썌	쨰
ㅘ	과	놔	돠	롸	뫄	봐	솨	와	좌	촤	콰	톼	퐈	화	꽈	똬	뽜	쏴	쫘
ㅚ	괴	뇌	되	뢰	뫼	뵈	쇠	외	죄	최	쾨	퇴	푀	회	꾀	뙤	뾔	쐬	쬐
ㅙ	괘	놰	돼	뢔	뫠	봬	쇄	왜	좨	쵀	쾌	퇘	퐤	홰	꽤	뙈	뽸	쐐	쫴
ㅝ	궈	눠	둬	뤄	뭐	붜	숴	워	줘	춰	쿼	퉈	풔	훠	꿔	뚸	뿨	쒀	쭤
ㅟ	귀	뉘	뒤	뤼	뮈	뷔	쉬	위	쥐	취	퀴	튀	퓌	휘	뀌	뛰	쀠	쒸	쮜
ㅞ	궤	눼	뒈	뤠	뭬	붸	쉐	웨	줴	췌	퀘	퉤	풰	훼	꿰	뛔	쀄	쒜	쮀
ㅢ	긔	늬	듸	릐	믜	븨	싀	의	즤	츼	킈	틔	픠	희	끠	띄	쁴	씌	찍
받침	ㄱ ㄲ ㄳ ㄴ ㄵ ㄶ ㄷ ㄹ ㄺ ㄻ ㄼ ㄽ ㄾ ㄿ ㅀ ㅁ ㅂ ㅄ ㅅ ㅆ ㅇ ㅈ ㅊ ㅋ ㅌ ㅍ ㅎ																		

여 주는 장점이다. 한글 맞춤법에서는 한글 기본 자모의 수를 다음과 같
이 24자로 규정하고 있다.

자음	ㄱ(기역) ㄴ(니은) ㄷ(디귿) ㄹ(리을) ㅁ(미음) ㅂ(비읍) ㅅ(시옷) ㅇ(이응) ㅈ(지읒) ㅊ(치읓) ㅋ(키읔) ㅌ(티읕) ㅍ(피읖) ㅎ(히읗)
모음	ㅏ(아) ㅑ(야) ㅓ(어) ㅕ(여) ㅗ(오) ㅛ(요) ㅜ(우) ㅠ(유) ㅡ(으) ㅣ(이)

위와 같은 기본 24자 외에 기본자를 바탕으로 응용하여 확장해 만든 글자로는 자음 5자, 모음 11자가 더 있다.

자음	ㄲ(쌍기역) ㄸ(쌍디귿) ㅃ(쌍비읍) ㅆ(쌍시옷) ㅉ(쌍지읒)
모음	ㅐ(애) ㅒ(얘) ㅔ(에) ㅖ(예) ㅘ(와) ㅙ(왜) ㅚ(외) ㅝ(워) ㅞ(웨) ㅟ(위) ㅢ(의)

위의 자모를 가지고 계산해 보자. 첫소리에 올 수 있는 자음자의 수는 14자＋5자＝19자이고, 가운뎃소리에 올 수 있는 모음자의 수는 10자＋11자＝21자이며, 끝소리에 올 수 있는 받침 자음자의 수는 모두 27자이다.

받침	ㄱ ㄲ ㄳ ㄴ ㄵ ㄶ ㄷ ㄹ ㄺ ㄻ ㄼ ㄽ ㄾ ㄿ ㅀ ㅁ ㅂ ㅅ ㅆ ㅇ ㅈ ㅊ ㅋ ㅌ ㅍ ㅎ

이를 토대로 계산하면, 받침 없는 글자 수는 19자×21자＝399자, 받침 있는 글자 수는 399자×27자＝10,773자가 된다. 둘을 합하면 한글 자모로 만들 수 있는 글자 수는 11,172자나 되어 그만큼 많은 말소리를 적을 수 있다. 11,172자 가운데 말소리가 없어져 쓰이지 않는 글자도 많아 실제 쓰는 글자 수는 약 2,500자라고 한다. 하지만 이런 한글의 특성을 응용하면 인류의 다양한 말소리를 적을 수 있다. 이처럼 한글은 잠재적 실용성이 뛰어난 문자이다.

한편, 한글날은 훈민정음을 해설한 책 《훈민정음해례본》을 만들어

한글 글자 마당
세종로 공원 안에 있는데, 국민 11,172명이 직접 쓴 한글을 돌에 새겼다.

반포한 것을 기념하는 날이다. 《훈민정음해례본》 맨 뒤를 보면 '정통(正統) 십일 년 구월 상한(上澣)'이라고 적혀 있다. 정통은 명나라 정통제 영종의 연호로 정통 11년은 1446년을 가리키고, 상한은 상순과 같은 말로 한 달 중 1일부터 10일까지를 뜻한다. 1일부터 10일 중 어느 날인지 정확히 알 수 없어 조선어학회가 상순의 마지막 날인 음력 9월 10일을 《훈민정음해례본》을 반포한 날로 정했다. 그러다 1945년부터 음력 9월 10일을 양력으로 바꿔 10월 9일에 한글 반포 기념식을 거행하기 시작해 지금에 이르고 있다.

조선의 헌법 《경국대전》 :
도량형

《경국대전》은 조선 왕조를 통치하고 유지하는 법적 근간으로, 조선의 정치, 경제, 사회, 문화 등을 세세하게 규정했다. 그중 <공전>에는 도량형 규정이 실려 있는데, 조선 시대 국가 표준의 통일된 도량형은 아주 중요했다. 삼국 시대부터 조선 시대까지 이어져 오던 도량형 제도는 대한제국 때 서양의 미터법을 채택하면서 바뀌었다.

조선 통치 체제의 법적 근간이 된 《경국대전》

조선은 건국 초기부터 법전 편찬에 심혈을 기울였다. 1397년에 조선 최초의 공식 법전이라 할 수 있는 《경제육전》이 편찬되었고, 그 뒤에도 몇 차례 법전이 만들어졌다. 세조 때 기존 법전을 총망라해 헌법인 법전을 만들기 시작해 성종 때 완성했다. 이것이 바로 《경국대전》으로 '국가를 경영하고 다스리는데 필요한 큰 법전'이라는 뜻이다.

《경국대전》은 조선의 정치, 경제, 사회, 문화 등을 세세하게 규정하여 조선 왕조를 통치하고 유지하는 법적 근간이 되었다. 시간이 흐르면서 실정에 맞지 않는 법은 후대에 법전을 개정해 추가하거나 수정하더라도 《경국대전》의 내용을 같이 실었다.

《경국대전》에는 왕실에서부터 일반 백성에 이르기까지 조선의 모습이 고스란히 담겨 있는데, 그중 몇 가지를 살펴보면 다음과 같다.

- 세금을 가로챈 관리는 재산을 몰수한다.
- 곤장은 한 번에 30대를 넘지 못한다.

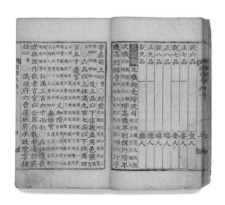

《경국대전》
이 책은 1616년(현종 2)에 금속 활자로 간행된 판본을 바탕으로 다시 새긴 목판본이다. 책의 크기는 세로 32.5cm, 가로 21.5cm이다. 국립중앙박물관

- 집이 가난하여 늦도록 혼인을 못하면 나라에서 혼인 비용을 지원한다.
- 노비를 사고팔 때는 먼저 관청에 신고해야 한다.

또 《경국대전》의 〈형전〉에는 사형에 처해야 하는 중죄인은 3번에 걸쳐 심사하라고 되어 있다. 먼저 관찰사가 1차로 사건을 조사한 뒤 한양에 있는 형조에 보고하고, 형조는 또 한 번 조사해서 왕에게 보고하고, 마지막으로 왕이 대신들과 사건을 논의해 최종 판결을 내렸다. 초심·재심·삼심으로 반복해 심리한 뒤에 결정한다고 해서 삼복제라 하는데, 오늘날의 삼심제와 유사하다. 삼복제는 백정이나 노비같이 천한 신분에도 해당되었다. 이는 사람의 목숨은 귀한 것이며 죽은 자는 다시 살릴 수 없으므로 억울한 누명을 쓰는 것을 방지하고자 한 것이다.

《경국대전》은 6조의 직능에 맞추어 이전·호전·예전·병전·형전·공전의 6전으로 구성하였다. 〈이전〉에는 통치의 기본이 되는 중앙과 지방의 관제, 관리의 임면(임명과 해임) 등에 관한 사항이 규정되어 있다. 〈이전〉에 기록된 중앙 정치기관으로는 의정부·6조·승정원·홍문관·사헌부·사간원 등이 있다. 영의정·판서 같은 기관 책임자의 명칭과 품계도 낱낱이 적혀 있는데 정1품이 최고 품계이다. '내명부'에는 궁중 여성의 범위와 품계 등을 규정하고 있는데, 왕의 후궁 중 '빈'이 정1품의 품계이다. 왕과 왕비는 품계 밖의 존재여서 명시되어 있지 않다.

〈호전〉에는 재정·경제와 관련되는 사항으로 호적·조세·녹봉·환곡 등에 관한 규정, 토지·노비·소와 말의 매매 및 오늘날의 등기와 비슷한 입안(立案), 채무와 이자율 등에 관한 규정이 수록되어 있다. 〈예전〉에는

	正一品	從一品	正二品	從二品	正三品	從三品	正四品	從四品	正五品	從五品	正六品	從六品	正七品	從七品	正八品	從八品	正九品	從九品
內命婦	嬪	貴人	昭儀	淑儀	昭容	淑容	昭媛	淑媛	尚宮 尚儀	尚服 尚食	尚寢 尚功	尚正 尚記	典賓 典衣 典膳	典設 典製 典言	典贊 典飾 典藥	典燈 典彩 典正	奏宮 奏商 奏角	奏變徵 奏徵 奏羽 奏變宮
世子宮				良娣		良媛		承徽		昭訓		守閨 守則		掌饌 掌正		掌書 掌縫		掌藏 掌食 掌醫

과거·외교·공문서 서식 등에 관한 규정, 상복 제도, 혼인 등 친족법 규범이 담겨 있다. 〈병전〉에는 군제와 군사에 관한 규정이, 〈형전〉에는 형벌·재판·노비·재산 상속에 관한 규정이, 〈공전〉에는 도로·교량·도량형 등에 관한 규정이 수록되어 있다.

도량형이 규정된 《경국대전》의 〈공전〉

《경국대전》의 〈공전〉은 총 14항목이다. 도로·다리·관사·궁궐 등에 대한 관리와 보수, 과수·산림 보호에 관한 규정, 중앙과 지방의 장인·공인에 관한 규정 등과 함께 도량형 규정이 실려 있다. 도량형은 길이(도度), 양(량量), 무게(형衡)의 단위 또는 이를 재는 도구를 일컫는 말이다. 다음은 《경국대전》에 나오는 도량형 부분이다.

여러 관청이나 여러 고을의 도량형은 본조에서 제정하여 만든다. 여러 고을에서 쓰이는 것은 각 도에 하나씩 내려보냄으로써 관찰사들이 거기에 맞추어 만들어서 검정 낙인을 찍어 주게 한다. (중략) ○ 길이를 재는 제도度之制는 10리釐를 1푼 一分으로, 10푼을 1치寸로, 10치를 1자尺로, 10자를 1발丈로 하는데 주척周尺을 황종척黃鍾尺에 맞추어 보면 주척의 길이 6치 6리가 황종척 1자에 해당되고 영조척營造尺을 황종척에 맞추어 보면 영조척의 길이는 8치 9푼 9리에 해당되며 예기척禮器尺을 황종척에 맞추어 보면 예기척의 길이는 8치 2푼 3리에 해당되고, 포백척布帛尺을 황종척에 맞추어 보면 포백척의 길이는 1자 3치 4푼 8리에 해당된다. ○용량을 재는 제도量之制는 10작勺을 1홉合으로, 10홉을 1되升로, 10되를 1말斗로, 15말을 소곡평석小斛平石으로, 20말을 대곡전석大斛全石으로 한다. ○중량을 재는 제도衡之制는 황종관에 담은 물의 중량을 88푼으로 하여 10리를 1푼으로, 10푼을 1돈錢으로, 10돈을 1냥兩으로, 16냥을 1근으로 하며 큰 저울은 100근, 보통 저울은 30근 또는 7근으로, 작은 저울은 3근 또는 1근으로 한다.

위의 도량형 규정 중 길이 부분에 나오는 주척의 길이는 《경국대전》이 완성된 성종 때의 길이이다. 용량 부분에서 석(石)은 우리말의 섬을 가리키며, '전석'은 옹근 섬이란 뜻이고 '평석'은 보통 정도의 섬이다. 조선 말까지 지역에 따라 전석 20말이나 평석 15말을 한 섬으로 치기도 했다. 곡(斛)은 양기(量器, 부피의 기준이 되는 용기) 중에서 가장 크며, 전석을 단위로 삼은 양기를 '대곡', 평석을 단위로 삼은 양기를 '소곡'이라

했다.

우리는 현재 길이, 넓이, 부피, 무게를 나타내는 단위로 미터법을 쓰는데 전근대 시기 우리 조상이 사용한 도량형의 단위는 달랐다. 전근대 시기는 중국의 영향력이 커서 도량형도 중국 것을 도입해 사용했으므로 먼저 중국의 도량형에 대하여 살펴보자.

기원전 221년 중국 진(秦)나라 시황제는 최초로 중국을 통일했다. 시황제는 천하를 통일한 뒤에 제후국마다 달랐던 화폐와 도량형, 수레바퀴의 폭을 통일했고, 조금씩 달리 썼던 문자도 정리했다. 이와 같은 것들은 진이 멸망한 뒤 한(漢)에도 그대로 전해져 동양의 도량형과 한자의 원형이 되었다. 시황제는 음악에서 12율의 기본음을 정하는 척도로 사용한 피리의 일종인 황종관을 기준으로 도량형을 정했는데, 황종관의 길이는 9촌이었다. 일정한 음을 내는 피리의 길이가 고정되어 있다는 것에 착안해 도량형의 표준으로 삼은 것은 당시로서는 매우 과학적이었다. 중국 역사책 《한서》〈율력지〉에 나오는 도량형은 다음과 같다.

형衡(무게), 황종관의 길이는 9촌이고, 중간 크기 검은 기장(거서) 1,200알이 들어간다. 그 무게는 12수이고, 그 무게를 배로 하면 1냥, 16냥은 1근, 30근은 1균, 4균은 1석이다. 양量, 검은 기장 1,200알은 1약, 2약이 1홉, 10홉은 1승, 10승은 1두, 10두는 1곡이다. 도度(길이), 90분은 황종의 길이다. 중간 크기 검은 기장 1알이 1분이다. 10분(分)은 1촌, 10촌은 1척, 10척은 1장, 10장은 1인이다.

진 시황제는 도량형의 표준이 되는 자와 되, 저울을 대량으로 생산해 백성에게 나누어 주었다. 우리나라는 삼국 시대에 이 도량형을 표준 단위로 받아들였다. 그런데 도량형의 기준이 되는 황종관의 길이는 기장 알의 길이에 따라 달라져 이 도량형이 절대적인 것이 아니었다. 중국에서도 시대에 따라 척도가 바뀌어 전한척(前漢尺), 후한척(後漢尺), 동위척(東魏尺) 등등 도량형의 기준이 여럿이다. 우리나라 역사서 《삼국사기》나 《삼국유사》를 보면 키에 대한 내용이 나온다. 석탈해 이사금과 고국천왕은 키가 9척, 무령왕은 8척, 법흥왕은 7척, 진평왕은 11척, 진덕왕은 7척이었다. 기록에 나타난 최저 치수 7척과 최고 치수 11척을 각 척도로 계산하면 다음과 같다.

		7척	11척
전한척		$7 \times 27.65 = 193.55\,cm$	$11 \times 27.65 = 294.11\,cm$
후한척	전기	$7 \times 23.04 = 161.28\,cm$	$11 \times 23.04 = 253.44\,cm$
	후기	$7 \times 23.75 = 166.25\,cm$	$11 \times 23.75 = 261.25\,cm$
동위척		$7 \times 29.97 = 209.79\,cm$	$11 \times 29.97 = 329.67\,cm$

표에서 알 수 있듯이 전한척이나 동위척을 기준으로 삼았다면 왕들의 키는 2미터, 심지어 3미터가 넘는 경우도 있다. 우리 민족은 키가 작은 몽골계가 일반적이므로 삼국 시대 왕들 또한 이렇게 컸을 리가 없어 후한척을 기준으로 삼았을 가능성이 크다.

도량형은 이처럼 중국 고대의 기준이 명시되었음에도 실제 적용 과정에서 서로 다르거나 시대에 따라 바뀌었다. 이와 같이 정립되지 않은 도량형은 조선 초까지 계속되었고, 조선 왕조는 도량형을 정비해 오다 《경국대전》에 규정으로 명시한 것이다.

《경국대전》에 따르면 길이의 단위 명칭은 리, 푼, 치, 자, 장으로 10리는 1푼[分, 분], 10푼은 1치, 10치는 1자[尺, 척], 10자는 1장 등과 같이 10진법에 의한 것이었다. 이것을 현재 우리가 쓰는 미터법과 비교하면 1cm＝3푼 3리, 1m＝3자 3치, 1km＝3,300자였다. 넓이의 단위로는 작(勺), 홉(合), 파(把), 속(束), 부(負), 결(結) 등이 사용되었고, 10작은 1홉, 10홉은 1파, 10파는 1속, 10속은 1부, 100부는 1결이었다. 부피의 단위는 작, 홉(合, 합), 되(升, 승), 말(斗, 두) 소곡(小斛), 대곡(大斛) 등이었고, 10작은 1홉, 10홉은 1되, 10되는 1말, 15말은 1소곡, 20말은 1대곡이었다. 조선 시대에 흉년이 들었을 때 한 사람에게 나눠 준 하루치 쌀이 약 2홉이었다고 한다.

《속대전》에 의하면 부피를 측정하는 기준이 되는 그릇은 대곡의 경우는 가로세로 각각 1.12자, 높이 1.72자, 소곡의 경우는 가로세로 각각 1자, 높이 1.47자, 말의 경우는 가로세로 각각 0.7자, 높이 0.4자, 되의 경우는 가로 0.49자, 세로와 높이 각각 0.2자로 정하였다고 한다. 조선 시대 표준이 되는 가로세로의 길이는 각각 14.85cm이고 높이가 6.06cm인 직육면체였으므로 그 부피는 1336.37cm^3, 즉 1.336L이다.

조선 초기까지 1척은 32.21cm이었지만, 1430년에 31.22cm로 통일했다. 세종 대왕은 우리나라에 맞는 도량형을 정비하여 '황종척'이라 명하였으며, 황종척은 세종 이후에 단위 체계의 기준이 되었다. 참고로

길이	1리 $\left(=\dfrac{1}{10}분\right)$	1분 (=10리)	1치 (=10분)	1자 (=10치)	1장 (=10자)
부피	1작 $\left(=\dfrac{1}{10}홉\right)$	1홉 (=10작)	1되 (=10홉)	1말 (=10되)	1섬 (=10말)
무게	1리 $\left(=\dfrac{1}{10}분\right)$	1푼 (=10리)	1전 (=10분)	1냥 (=10전)	1근 (=16냥)

오늘날에는 1척이 30.3 cm이다. 위의 표는 황종척의 단위 체계이다.

이외에도 넓이를 나타내는 또 다른 단위로 평이 있다. 이 단위는 한 사람이 팔과 다리를 벌리고 누울 수 있는 넓이에서 기원했다. 넓이 1평은 여섯 자 평방이며, 여섯 자를 한 변으로 하는 정사각형의 넓이를 나타내므로 1평=6자×6자를 뜻한다. 미터법으로 환산하면 약 $3.3058\,\text{m}^2$이다. 보통 $3.3\,\text{m}^2$를 1평으로 본다.

조선 시대 국가 표준의 통일된 도량형은 아주 중요했는데, 그 예가 암행어사이다. 암행어사는 우리가 흔히 아는 마패와 함께 유척을 갖고 다녔다. 마패는 신분을 알려 주는 징표로, 마패에 새겨진 말의 수는 어사가 이용할 수 있는 역마와 역졸을 나타낸다. 유척은 놋쇠(유, 鍮)로 만든 자(척, 尺)라는 뜻이며, 약 20 cm 정도 길이에 눈금이 새겨져 있다. 당시에는 세금을 현물로 징수하는 경우가 많았는데 지방관들이 눈금을 속여 백성을 등치기도 했다. 암행어사들은 유척으로 지방 관청의 수탈을 엄정하게 조사하는 한편 도량형을 보편화하는 데도 일조했다.

암행어사의 마패와 유척

마패는 암행어사를 비롯한 관리가 지방에 출장을 갈 때 이용할 수 있도록 상서원(尚瑞院)에서 발급해 준 패이다. 마패는 한 면에는 관원의 등급에 따라 말의 마릿수가 새겨져 있고, 다른 면에는 마패 발행번호, 연·월, '상서원인(尚瑞院印)'을 새겼다. 암행어사가 마패와 함께 가지고 다닌 유척은 놋쇠로 만든 표준 자이다. 네 면 중 한 면에 예기척과 주척이, 나머지 면에는 황종척, 포백척, 영조척이 사용법과 함께 새겨져 있다. 국립중앙박물관/한국도량형박물관

전 세계의 일반적인 도량형,
미터법

멀리는 삼국 시대에서부터 가까이는 조선 시대까지 사용된 고대 중국 도량형에 기반한 척도는 1902년 광무 6년(고종 39년)에 서양의 미터법을 채택하면서 바뀌었다. 오늘날 국제 미터 단위인 미터의 기원은 1790년경에 발명된 십진 미터법이다. 정확한 표준 단위를 설정하려면 기준이 필요한데, 최초로 정한 1m는 지구의 둘레가 변하지 않는다는 가정 아래 지구 둘레의 4000만 분의 1로 정하였다. 또한 빛의 속도를 근거로 하여 1m를 '빛이 진공에서 $\dfrac{1}{299,792,458}$초 동안 진행한 경로의 길이'로 정하고 있다. 부피 단위인 1L는 한 변의 길이가 100mm,

즉 10cm인 정육면체에 담긴 액체의 양을 기준으로 한다. 무게 단위인 1g은 한 변의 길이가 10mm, 즉 1cm인 정육면체에 담긴 4℃의 물의 부피를 기준으로 한다. 특히 4℃의 물 1L의 무게는 1kg이다. 한 변의 길이가 1m인 정육면체에 담긴 물의 부피가 1000L이고, 이 물의 무게는 1000kg=1t이다. 즉, 4℃인 물의 부피가 1m³라면 그 무게는 1t과 같다는 뜻이다.

이외에 실생활에서 자주 쓰는 여러 단위에 대하여 알아보자. 넓이를 나타내는 단위인 1아르(a)는 가로세로가 각각 10m인 정사각형의 넓이인 100m²이며, 1헥타르(ha)는 가로세로가 각각 100m인 정사각형의 넓이 10000m²이다. 또 온도 단위로는 가장 널리 쓰이는 섭씨(℃), 화씨 (℉)와 과학자들이 사용하는 절대 온도인 켈빈(K)이 있다.

섭씨는 물의 끓는점과 어는점을 표준으로 정해 그 사이를 100등분한 온도 눈금이다. 화씨는 1기압 하에서 물의 어는점을 32, 끓는점을 212로 정하고 두 점 사이를 180등분한 온도 눈금이다. 켈빈은 절대 영도를 0도로 한 절대 도수로 나타낸 온도이다. 모든 분자가 −273.15℃에서 그 운동이 정지되며 그 이하의 온도는 존재하지 않으므로 이를 절대 영도라 하고, 이를 기점으로 K 단위로 나타낸 것이 절대 온도이다.

	섭씨(℃)	화씨(℉)	켈빈(K)
끓는점	100	212	373
어는점	0	32	273
혈액의 온도	37	98	310
절대 영도	−273.15	−459.67	0

섭씨(攝氏)라는 이름은 셀시우스(스웨덴의 천문학자, 섭씨온도 눈금을 발명함.)의 중국 음역어 섭이사(攝爾思)에서 유래했으며, 화씨(華氏)란 이름은 독일인 파렌하이트(독일 물리학자, 화씨온도를 처음 소개함.)의 중국 음역어 화륜해(華倫海)에서 유래했다. °C를 °F로, °C를 K로 바꾸는 공식은 다음과 같다.

$$°C = (°F - 32) \times \frac{5}{9}, \qquad K = °C + 273.15$$

현재 전 세계에서 가장 일반적으로 사용하는 도량형은 미터법이지만 영미권에서는 야드(yard)와 파운드(p) 등의 단위를 사용한다. 그들이 사용하는 단위를 우리가 사용하는 미터법으로 환산하면 다음 표와 같다.

1마일(mile)=1.609 km	1에이커(acre)=4.047 m² ≒ 0.4 ha
1야드(yard)=0.914 m	1영국 갤런(gal)=4.55 L
1피트(feet)=30.48 cm	1영국 파인트(pint)=568 mL
1인치(inch)=25.4 mm	1미국 갤런=3.78 L
1파운드(p)=454 g	1미국 쿼트(quart)=946 L
1온스(oz)=28.35 g	1미국 파인트=473 mL

이런 단위를 사용하는 나라들은 강력한 힘을 믿고 자신들만의 단위를 사용한다. 미터법으로 표기된 각종 측량 값을 자기들 나라의 단위로 잘못 인식하는 바람에 여러 가지 사고가 일어나기도 한다. 그러므로 전 세계적으로 통일된 미터법을 사용하는 것이 여러모로 편리하다.

예술가 사임당 신씨의 초충도 :
곤충들과 소수

사임당 신씨는 율곡 이이의 어머니로도 유명하지만, 시·그림·글씨에 능한 조선 시대의 유명한 예술가이기도 하다. 사임당 신씨는 산수화를 비롯해 풀과 벌레를 소재로 한 초충도도 많이 그렸다. 초충도에 등장하는 매미, 방아깨비 같은 곤충과 풀 등은 그것들이 가진 상징적 의미보다 수학적으로도 많은 의미를 지니고 있다.

아들 율곡은 성리학자, 어머니 사임당은 예술가

고려 때 우리나라에 들어온 성리학은 조선의 중심 사상, 더 나아가 나라를 지배하는 사상이 되었다. 조선 초기에 중앙 정치에 뛰어든 유학자들은 성리학을 기반으로 국가 체제를 정비하는 데 기여하면서 정치, 경제적 이익도 독차지했다. 이들과 달리 지방에서 성리학을 바탕으로 학문과 교육에만 힘쓴 유학자들도 있었다. 이 지방 성리학자들을 사림이라 하는데, 이들은 성종 때부터 중앙 정치에 들어가면서 힘을 키워 조선 중기 이후 지배 세력이 되었다. 성리학자들은 근거지로 삼았던 곳에 따라 영남학파, 기호학파 등으로 불린다. 경상도 지역에서 활동한 영남학파의 대표적인 인물은 지폐 5천 원권에 그려진 퇴계 이황이다. 경기도와 충청도를 근거지로 한 기호학파의 유명 인물은 지폐 1천 원권에 그려진 율곡 이이이다. 이이는 사임당 신씨의 아들인데, 외갓집인 강릉 오죽헌에서 태어나 파주 율곡리에서 성장했기에 이곳 지명을 따서 호를 율곡이라 했다고 한다.

사임당 신씨는 지폐 최고액권인 5만 원권에 그려진 인물이다. 이름은 인선이고, 사임당은 당호(머무는 거처의 이름에서 따온 호)이다. 조선 시대 여성들은 이름 대신 성씨나 당호로 불려 지금도 흔히 사임당이라고 한다. 사임당은 강릉 오죽헌에서 부유한 양반집의 다섯 딸 중에 둘째로 태어나 19세에 이원수와 결혼했다. 친정에 아들이 없어 결혼 초에는 남편의 동의를 얻어 시집에 가지 않고 친정인 강릉에 머물렀다. 아버지가 세상을 떠나자 친정에서 3년상을 마치고 시집이 있는 서울로 올라갔다. 하지만 과거 공부하는 남편의 수입은 변변치 않았고, 결국 시집의 터전인 파주 율곡리로 이사 가서 살기도 했다. 남편 이원수가 50의 나이에 음서로 수운판관이란 벼슬을 얻었지만 이듬해 남편이 맏아들 이선과 셋째 아들 이이를 데리고 업무차 지방으로 간 사이 사임당은 48세에 병으로 사망했다.

사임당은 이이의 어머니로 유명하지만, 시·그림·글씨에 능한 조선 시대의 유명한 예술가이기도 하다. 그림 실력은 당대에도 이름을 떨쳐 여성으로 화가의 이름이 직접 거론될 정도로 이례적 존재였는데, 산수화와 포도 그림이 유명했다.

이이가 직접 적은 글에 "어머님께서 생전에 남기신 서화가 범상치 않으시다. 일곱 살부터 안견의 그림을 모방하여 마침내 산수화를 그리신 것이 지극히 묘하셨고, 또한 포도를 그리셨으니, 모두 세상에 견줄 만한 이가 없다. 그리신 바가 병풍과 족자로 세상에 많이 전한다."고

신사임당필 산수도
2폭 병풍에 그려진 그림 중 하나로, 사임당 신씨가 그렸다고 전해진다. 국립중앙박물관

<수박과 들쥐>　종이에 채색, 28.3×34cm 국립중앙박물관 (왼쪽)
<양귀비와 도마뱀>　종이에 채색, 28.3×34cm 국립중앙박물관 (오른쪽)

했다. 이로 미루어 살아생전에도 이미 병풍이나 족자로 많이 전할 정도로 세상의 인정을 받았던 것으로 보인다.

숙종조차 감탄한 사임당의 초충도

사임당은 풀과 벌레를 소재로 한 초충도 많이 그렸는데, 사임당의 초충도는 18세기부터 송시열을 비롯한 유명 유학자에게 각광을 받으면서 널리 알려졌다. 숙종은 조선 왕들 중에서 그림을 가장 잘 그렸다고 하는데, 개인이 소장하던 사임당의 초충도를 빌려 와 감상하고 원본을 그대로 그린 모본을 만들어 궁궐에 남기며 시를 지었다고 한다. 숙종이 사임당의 초충도를 보고 남긴 시는 다음과 같다고 한다.

오만 원권 앞면
영양산촌박물관

자수 초충도 병풍
- 사임당 신씨의 작품으로 전해짐.
- 8폭 병풍 중 일곱 번째 가지 그림.

풀이랑 벌레랑 실물과 똑같구나

부인의 솜씨인데 이같이 묘하다니

하나 더 모사하여 대궐 안에 병풍을 쳤네

아깝구나, 빠진 한 폭 다시 하나 그릴 수밖에

채색만을 썼는 데도 한층 아름다워

그 무슨 법이런가 무골법이 이것일세

5만 원권 지폐에는 사임당이 그렸다고 전해지는 포도 그림과 초충도의 가지 그림 일부가 들어가 있다. 비단에 수묵으로 그린 포도 그림은 정조 때 서화 수집가로 유명한 석농 김광국의 《석농화첩》에 있던 그림으로 지금은 간송미술관에 소장되어 있다. 이 그림은 사임당의 대표작으로 알려져 있지만 사임당 그림이라 전하는 것들 대개가 그러하듯 낙관은 없다. 5만 원권의 초충도 그림은 동아대학교 박물관이 소장한 보물 제595호인 '자수 초충도 병풍'의 일부분이다. 이 병풍은 검정 공단

214   예술가 사임당 신씨의 초충도 : 곤충들과 소수

에 다양한 꽃과 풀이 곤충, 파충류와 함께 자연스레 어우러진 정경을 수놓은 것이다. 이 병풍을 사임당이 제작했다고 하는 견해도 있지만 사임당의 초충도 양식을 가장 잘 구현한 후대 작품으로 보기도 한다.

사임당이 직접 그렸는지는 분명하지 않으나 사임당의 작품이라 전해지는 초충도 또는 사임당류의 초충도는 동아대학교 박물관을 비롯하여 오죽헌시립박물관, 국립중앙박물관, 간송미술관 등에 소장되어 있다.

작은 곤충에 이토록 많은 의미와 수학이

사임당의 것이라고 전해지는 여러 작품 중에서 국립중앙박물관에 소장된 초충도는 수를 놓기 위한 밑그림용이며 그림은 8폭인데, 신경과 오세창의 발문 2폭을 더해 10첩 병풍으로 되어 있다. 이 초충도에 나오는 꽃과 벌레들을 자세히 알아보자.

먼저 〈원추리와 개구리〉를 살펴보자. 원추리는 산과 들에 군락을 이루어 피는 야생화인데 시름을 잊게 해 준다는 중국의 고사에 등장한다. 원추리의 꽃과 잎이 하늘거리고 주위에는 나비와 벌들이 날고 있으며, 가지에는 매미가 배를 드러낸 채

〈원추리와 개구리〉
종이에 채색, 28.3×34cm 국립중앙박물관

매달려 있다. 땅에는 개구리와 달팽이가 보인다. 개구리는 알에서 올챙이로 변신했다가 점차 꼬리가 사라지면서 온전한 개구리가 된다. 이렇게 변신한다는 특징을 상서롭게 여겨 옛사람들은 부여의 금와왕 설화처럼 개구리를 왕과 같이 존귀한 인물의 탄생과 엮기도 했다. 또 개구리의 다산(多産)이라는 생물학적 특성을 왕권의 신성함과 왕족의 흥성을 기원하는 의미로 쓰기도 했다.

동양에서 매미는 '문(文), 청(淸), 렴(廉), 검(儉), 신(信)'의 다섯 가지 덕이 있는 곤충으로 여겨졌다. 매미의 입은 선비가 갓끈을 맨 것 같은 모양이니 글은 안다[文]는 것이고, 이슬을 먹고 사니 맑음[淸]이 있으며, 사람이 애써 가꾼 곡식이나 채소를 먹지 않으니 염치[廉]가 있고, 다른 곤충들과 달리 집이 없이 사니 검소[儉]하며, 철 맞춰 허물 벗고 때 맞춰 떠날 줄 아니 신의[信]가 있다고 본 것이다. 이와 같은 매미의 덕을 본받고자 중국과 우리나라의 왕과 관리들은 매미의 날개를 본뜬 모자인 '익선관(翼善冠)'과 '사모(紗帽)'을 썼다고 한다. 모자에 붙은 매미 날개[익翼]는 거추장스럽지만 오덕을 항상 염두에 두어야 한다는 의미에서 임금이나 신하 모두 이 관

영친왕의 익선관
영친왕은 고종의 일곱 번째 아들이자 대한 제국의 마지막 황태자이다. 익선관은 왕이 곤룡포를 입을 때 쓰던 관인데, 이 익선관의 모체(帽體)는 가죽과 말총에 옻칠을 해서 만들어 짙은 청색에 적색 빛깔이 풍기는 얇은 비단을 여러 겹 붙였다. 모체 뒤에는 매미 날개를 이중으로 덧붙였다. 국립고궁박물관

모를 썼다고 한다.

　매미는 수학과도 밀접한 관련이 있다. 매미는 식물의 조직 속에 알을 낳는데, 종류에 따라 부화 시기가 달라 45일이 걸리는 것도 있고 어떤 것은 10개월 또는 그 이상 걸리기도 한다. 매미 중에서 유충기가 잘 알려진 것은 유지매미와 참매미이다. 이 두 종은 모두 알에서 부화되고 나서 6년째에 성충이 되므로 산란한 해부터 치면 7년째에 성충이 된다. 또 늦털매미는 5년째에 성충이 된다고 추정하고 있다. 그러나 '매미 탑'이라는 북아메리카에 사는 매미는 '17년 매미'라고도 불리는데, 그 이유는 이름 그대로 산란에서부터 성충이 되기까지 모두 17년이 걸리기 때문이다. 예전에는 이 매미가 추운 지방인 북부에서는 17년, 상대적으로 따뜻한 남부에서는 13년이 걸린다고 추측했지만, 최근의 연구에서 17년이 걸리는 종과 13년이 걸리는 종이 모두 3종류씩 6종이 섞여 있고 그 형태나 울음소리에도 차이가 있다는 것이 확인되었다.

　앞에서 소개한 여러 종류의 매미가 산란에서부터 성충이 되기까지 걸리는 기간은 보통 5년, 7년, 13년, 17년이다. 이와 같은 매미의 생활 주기에서 발견할 수 있는 공통점은 모두 소수라는 것이다. 그렇다면 왜 하필 소수를 주기로 생활할까? 여기에는 유력한 두 가지 학설이 있다.

　한 가지는 주기가 소수가 되면 매미가 천적을 피하기 쉽다는 것이다. 예를 들어 매미의 주기가 6년이고 천적의 주기가 2년 또는 3년이라면 매미와 천적은 6년마다 만나게 된다. 또한 주기가 4년인 천적과는 12년마다 만나게 된다. 그렇지만 매미의 주기가 7년이라면 주기가 2년인 천적과는 14년마다 만나게 되고, 주기가 3년인 천적과는 21년마다 만나게 되며, 4년인 천적과는 28년마다 만나게 된다. 이렇게 되면 매미는 종족 번식을 위한 보다 많은 시간과 기회를 얻게 되는 것이다.

또 다른 학설은 스스로 개체 수를 조정하기 위해서라고 알려져 있다. 모든 매미의 생활 주기가 같아서 겹치게 되면 그만큼 먹이를 둘러싼 생존 경쟁이 치열해질 것이다. 따라서 여러 종의 매미가 많은 자손을 퍼뜨리려면 동시에 출현하지 않는 것이 서로에게 유리하다. 따라서 생활의 주기를 소수로 하면 그만큼 서로 만나서 경쟁하는 횟수가 줄어들게 된다. 예를 들어, 우리나라에서 서식하고 있는 5년 주기인 매미와 7년 주기인 매미는 35년마다 만나게 되고, 북아메리카에서 서식하고 있는 13년 주기인 매미와 17년 주기인 매미는 221년마다 만나게 되므로 서로에게 그만큼 종족 번식의 기회가 많아지는 것이다. 이와 같이 매미는 천적으로부터 종족을 보존하기 위하여 또 먹이를 둘러싼 동종간의 경쟁을 피하기 위하여 소수를 생활 주기로 진화해 왔다.

이제 〈가지와 방아깨비〉를 살펴보자. 왼쪽에는 흰 가지가 오른쪽에는 자줏빛 가지가 달려 있고, 흰 나비와 붉은 나방이 엇갈려 날고 있다. 벌과 개미가 각각 두 마리씩, 방아깨비가 한 마리, 자줏빛 가지 사이의 줄기에는 무당벌레 한 마리가 붙어

〈가지와 방아깨비〉
종이에 채색, 28.3×34cm 국립중앙박물관

있다. 바닥에는 산딸기가 덩굴로 뻗어 가고, 그 뒤로 쇠뜨기 풀이 무리 지어 자란다. 이 작품에는 가지, 산딸기, 쇠뜨기, 방아깨비, 개미, 벌, 무당벌레, 나비, 나방 등 무려 9가지 소재가 등장한다.

많은 자손을 뜻하는 가지는 한자로 가자(茄子)인데 음만 취하면 가자 (加子)여서 아들을 더 낳으라는 뜻이다. 산딸기와 쇠뜨기는 생명력이 강해 줄기 뿌리로 뻗어나가 주체가 안 될 정도이다. 즉, 가지, 산딸기, 쇠뜨기는 모두 왕성한 번식력을 자랑해 다산의 의미가 있다고 한다.

방아깨비는 한번에 알을 99개 낳기 때문에 많은 자손을 뜻한다. 벌과 개미는 여왕벌과 여왕개미의 지휘 아래 일사불란한 충성을 자랑하므로 군신간의 의리를 뜻한다. 또 이들 사회에서 알 수 있듯이 협동과 단결로 적을 물리치고 먹잇감을 사냥하기 때문에 형제간의 우애를 상징하기도 한다. 나비와 나방은 모두 애벌레의 단계에서 번데기로 변했다가 탈태 (脫態)하여 성충이 되어 하늘로 날아간다. 이는 열심히 공부해서 실력을 닦아 벼슬길에 나아가 자신의 포부를 펼치는 것을 의미한다. 무당벌레는 딱딱한 갑옷을 입은 것 같아 갑충(甲蟲)이라고도 부르는데, 여기에서 갑은 갑제(甲第), 즉 과거 시험에서 장원 급제하라는 뜻이다. 무당벌레는 등딱지에 7개의 점이 있어 흔히 칠성무당벌레로 불리는데, 이것은 북두 칠성을 의미하므로 태산북두(泰山北斗)와도 같이 우뚝 선 존재가 되라는 뜻이 있다고 한다. 결국 이 그림은 귀한 자식을 많이 낳고 장원 급제하여 임금에게 충성하고 높은 지위에 오르기를 바란다는 뜻이 담겨 있다.

그런데 조선 시대의 산학책인 《묵사집산법》에도 방아깨비가 등장한다. 《묵사집산법》의 저자인 경선징은 산학 취재에 합격했다는 것과 당시 가장 뛰어난 중인 출신 수학자라는 것만 알려져 있을 뿐 자세한 기록은 없다. 이 책에는 다음과 같은 시가 등장한다.

七月七日新月夕 (칠월칠일신월석, 7월 7일 초승달 저녁에)

螽斯生子九十九 (종사생자구십구, 방아깨비가 알을 99개나 낳았네.)

重陽佳節風景好 (중양가절풍경호, 중양 좋은 절기의 풍경 좋고)

兩叟同庚七十七 (양수동경칠십칠, 두 늙은 분이 동갑으로 77세라.)

至月寒天酒價錢 (지월한천주가전, 11월 동짓달 추운 날의 술값이)

半貫纏除五十九 (반관재제오십구, 500문에서 겨우 59문을 제한다.)

六百九十三春和 (육백구십삼춘화, 693의 봄날의 따사로움과)

除夜餘興倣此識 (제야여흥방차식, 제야의 여흥이 이와 비슷함을 알리라.)

위의 시에서 나타난 수는 다음과 같다.

7, 99, 중양(9월 9일), 두 77(77＋77＝154),

지월(11월), 441(500－59), 693

따라서 이 시는 다음과 같은 내용을 익히기 위해 만든 것임을 알 수 있다.

9와 11의 공배수 중 7로 나누어 나머지가 1인 가장 작은 수는 99이고,

7과 11의 공배수 중 9로 나누어 나머지가 1인 가장 작은 수는 154이며,

7과 9의 공배수 중 11로 나누어 나머지가 1인 가장 작은 수는 441이고,

7, 9, 11의 최소공배수는 693이다.

이는 중국인의 나머지 정리로 알려진 합동식이다. 수학 문제를 효과적으로 해결하고자 시를 활용한 것에서 당시 사람들이 시로 만들어 읊을 만큼 시 속에 담긴 수학 지식을 자주 사용했음을 알 수 있다.

한편, 오늘날 과학자들은 매미나 방아깨비 같은 곤충은 모두 날씨에 따라 우는 횟수가 다르다는 것을 알아냈다. 과학자들의 연구 결과에 따르면 매미나 방아깨비가 섭씨 a°C일 때 1분 동안 우는 회수를 $C(a)$라고 하면 $C(a)=7.2 \times a - 32$인 관계가 있다고 한다. 이 공식에 의하면 곤충들은 섭씨 5°C 이상은 되어야 우는 것을 알 수 있다. 예를 들어 기온이 20°C라면 곤충들은 $C(20)=7.2 \times 20 - 32 = 144 - 32 = 112$이므로 1분에 112회 정도 울고, 기온이 30°C라면 $C(30)=7.2 \times 30 - 32 = 216 - 32 = 184$이므로 1분에 184회 정도 운다고 할 수 있다. 거꾸로 1분에 148회를 운다면 $C(a)=7.2 \times a - 32 = 148$을 만족시키는 a를 구하면 된다, 즉, $a=25$°C이다.

이쯤 되면 초충도에 있는 매미와 방아깨비 같은 곤충은 그린 이들이 알고 있는 의미보다 훨씬 더 많은 의미가 있음을 알 수 있다. 아무리 하찮은 미물이라고 할지라도 나름대로 의미를 지니고 있으며, 역사와 수학에도 등장하니 결코 미미한 것이라 할 수 없다.

조선의 대도 임꺽정 :
망해도법과 거리 재기

임꺽정은 조선 명종 때 활약한 도적이다. 임꺽정의 활약을 다룬 홍명희의 소설에는 임꺽정의 부하 서림이 오늘날의 삼각비인 망해도법을 이용해 바위의 높이를 측정하는 장면이 나온다. 망해도법은 천문학, 점성술, 토지 측량과 같은 실생활에 널리 이용되었으며, 조선 시대 수학책 《묵사집산법》, 《구수략》, 《구일집》에서도 망해도법을 많이 다루고 있다.

**조선의 3대 도적 중 하나,
임꺽정**

옆 나라 일본은 크고 작은 지진이
자주 나는데 비해 우리나라는 대
체로 그보다 덜하다. 그런데 조선 중기 중종과 명종 대에는 지진이 한
달 이상 지속되어 한양에 사는 백성들이 집 밖에서 노숙하는 일이 벌어
졌다. 민간에서는 자연재해가 잘못된 정치 때문에 발생한다고 믿어 말
세 사상이 퍼졌고, 임꺽정(임거정林巨正 또는 임거질정林巨叱正)과 같은 도적 떼
가 날뛰기도 했다.《조선왕조실록》에 등장하는 도적 임꺽정은 홍길동,
장길산과 함께 소설의 주인공으로 더 잘 알려져 있다. 그런데 이 세 명
은 모두 실존 인물로 조선의 3대 도적이었다. 홍길동에 대해서는 〈연산
군일기〉에 다음과 같은 기록이 있다.

> 영의정 한치형, 좌의정 성준, 우의정 이극균이 아뢰기를,
> "듣건대, 강도 홍길동을 잡았다 하니 기쁨을 견딜 수 없습니다. 백성을 위
> 하여 해독을 제거하는 일이 이보다 큰 것이 없으니, 청컨대 이 시기에 그
> 무리들을 다 잡도록 하소서."
> 하니, 그대로 좇았다.

홍길동은 연산군 때 관복을 입고 탐관오리의 재물을 빼앗아 가난한
백성에게 나누어 준 도적이었다. 뒤에 허균이 이 도적을 모델로 한글 소
설《홍길동전》을 지었다.

임꺽정은 명종 때 활약한 도적이다. 명종 때는 나라 안팎으로 어지러
웠다. 왕은 어렸고, 섭정을 한 명종의 어머니 문정 왕후는 조선의 기조

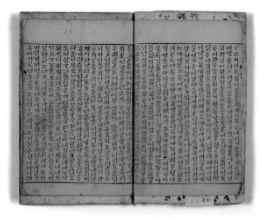

《홍길동전》
조선 중기에 허균이 지은 한글 소설
이다. 이 판본은 19세기에 찍은 것으
로 추정된다. 국립중앙박물관

와 달리 불교를 중흥하려 했으며, 문정 왕후의 동생 윤원형은 권력을 쥐
고 전횡을 했다. 또한 왜구들이 배를 타고 와 전라도를 침범해 약탈했으
며[을묘왜변], 계속되는 흉년과 관리들의 수탈로 백성의 삶이 어려워졌다.
이에 저항하는 농민들이 있었는데, 임꺽정도 그중 한 명이었다.

　임꺽정은 경기도 양주에서 백정의 신분으로 태어나 황해도에서 어렵
게 생활하다가 비슷한 처지에 있던 수십 명을 규합해 황해도의 산악 지
대를 중심으로 활동을 시작하였다. 임꺽정은 날쌔고 용맹스러우며 지혜
까지 갖춰 1559년경 황해도, 경기도, 평안도 등까지 활동 영역을 넓
혔다. 관청을 습격해 죄수를 석방하기도 하고, 백성들의 원망이 자자한
부잣집을 습격해 재물을 빼앗아 백성들에게 나눠 주기도 했으며, 지방
에서 서울로 보내는 공물을 약탈하기도 했다. 백성들은 임꺽정을 단순
도적이 아니라 의적으로 생각했다.

　당시 조정에서는 여러 차례 관군을 동원하여 임꺽정을 잡으려 했지
만 번번이 실패하였고, 1559년에는 개성부 포도관 이억근마저 임꺽정

《임꺽정》
홍명희(洪命憙, 1888~1968)가 쓴 장편소설 《임꺽정》은 봉단편, 피장편, 양반편, 의형제편, 화적편의 5편으로 구성되었다. 이 책들은 국립한글박물관에서 소장하고 있는 것으로, 의형제편 1~3권과 화적편 2~3권이다.

일당에게 죽임을 당하였다. 관군은 여러 방법으로 임꺽정을 잡으려 하였지만 쉽지 않았다. 하지만 1560년에 아내를 비롯해 참모 서림과 형인 가도치까지 체포되면서 임꺽정의 세력이 크게 위축되었다. 관군에게 쫓겨 도망을 다니던 임꺽정은 1562년 1월 구월산에서 부상을 입은 채 체포된 지 15일 만에 사형되었다.

임꺽정의 행적은 민간 설화로 윤색되어 지금까지 전해오고 있다. 특히 일제강점기에 홍명희가 소설 《임꺽정》을 써서 우리에게는 홍길동과 같이 친숙한 인물이 되었다.

소설 《임꺽정》에 나오는 서림의 망해도법

소설 《임꺽정》에는 다음과 같은 구절이 있다.

서림이가 김억석이와 실없는 수작을 하는 동안에 황천동이와 길막봉이는 매로바위 밑에 와서 바위를 치어다보며 서너 길 되느냐 못 되느냐 눈어림

을 다투고 있었다. 서림이가 와서 쳐어다보고

"이 바위 높이쯤은 긴 바지랭대루 잴 수가 있을지 모르지만 잴 수 없다구 쳐더래두 망해도법望海圖法만 알면 대번 바위 높이를 알 수가 있소. 그 아는 법은 조그만 나무떼기를 바위와 같은 방향으로 세우구 그림자 길이를 재어 보구 그 다음에 바위의 그림자 길이만 재어 보면 바위 높이는 자연 알게 되우. 지금 가령 한 자 되는 나무떼기의 그림자가 두 자가 되었는데 바위 그림자는 스무 자라구 하면 바위 높이는 열 자가 아니겠소"

수리數理를 알거냥하고 한바탕 잘 지껄이었다.

이 구절은 망해도법을 이용하여 매로바위라는 바위의 높이를 측정하는 대목인데, 소설에 나오는 망해도법은 '멀리 바다의 섬을 바라보아 거리를 재는 방법'이라는 뜻으로, 오늘날의 삼각비를 말한다. 오른쪽 그림은 《측량도해》에 있는 망해도법에 관련된 삽화이다. 망해도법은 망해도술(望海圖術)이라고도 하며, 일찍이 우리나라를 포함한 동양에서는 망해도법으로 삼각형의 변의 길이, 각의 크기 등을 계산했으며 천문학, 점성술, 토지 측량과 같은 실생활에 널리 이용했다. 물론 망해

《측량도해》에 실린 망해도법 삽화

도법은 이보다 천 년 전 위(魏)나라 유휘가 쓴 《해도산경》에서도 찾아볼 수 있다. 특이한 것은 천 년의 시간이 흘렀음에도 불구하고 수록된 망해도법 관련 문항의 전반적인 서술 방식, 제시된 수치가 모두 동일하며 당연히 결과 또한 같다.

이는 조선 시대 수학책도 대부분 비슷하다. 조선의 수학책은 중기 이전의 것들은 대부분 없어졌고, 현재 남아 있는 것들은 조선 후기의 책들이다. 이런 수학책 중에서 망해도법이 수록된 책이 꽤 되지만 개중 《묵사집산법》, 《구수략》, 《구일집》에서 망해도법을 많이 다루고 있다. 《묵사집산법》은 당시 최고의 수학자로 꼽힌 중인 출신 수학자 경선징이 17세기에 저술한 책이다. 《구수략》은 숙종 대에 영의정을 지낸 최석정이 역학의 관점에서 산학을 정리한 책이다. 《구일집》은 중인 출신 산학자인 홍정하의 저술로 다른 수학책에 비해 문제 양이 많으며, 당시의 사회상이나 일상사, 수학적 지식 및 활동을 추측해 볼 수 있는 흥미로운 문제 상황과 해법이 다수 수록되어 있다. 이 책의 5권에 망해도술 문제가 총 6개 있는데, 단순 닮음비를 이용하는 첫째 문항에서 여섯째 문항까지 후반부로 갈수록 난도가 높아진다.

조선 시대 수학책에 나오는 망해도법 문제

《묵사집산법》의 '측량고원문'에는 닮은 직각삼각형을 이용하여 측량하는 문제가 제시되어 있다. 《구수략》에도 거리를 측량하는 문제가 많이 있는데 문제 제시 전에 다음과 같은 내용이 있다.

(중략) 사물의 높이와 거리를 재기 어려운 것은 반드시 그 구고를 재서 표를 세워 서로 비교한다. 그러므로 이름을 구고준재라 부른다. 멀리 떨어져서 구하기 어려운 것은 중차를 세워 그것을 잰다. 그것을 중고라 부른다. (중략)

세 권의 수학책에 주어진 문제들은 문제의 내용과 구성, 풀이 방법이 비슷하다. 그런데 이런 문제를 이해하기 위해서는 삼각형의 닮음을 알아야 한다. 즉, 다음 〈그림 1〉의 닮은 두 삼각형 ABC와 ADE에 대하여 대응하는 변의 각각의 길이의 비는 같으므로 다음 식이 성립한다. 이와 같은 삼각형의 닮음에 대한 비는 《묵사집산법》, 《구수략》, 《구일집》에서 주어진 거리를 구하는 문제 모두에 활용되고 있다.

$$\overline{AB} : \overline{AD} = \overline{BC} : \overline{DE} = \overline{AC} : \overline{AE}$$

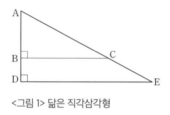

<그림 1> 닮은 직각삼각형

이제 《묵사집산법》과 《구일집》에 있는 대표적인 문제를 하나씩만 살펴보자. 여기 소개되는 문제는 각 권에서 내용이 겹치지 않도록 선택한 것이다. 따라서 직접적으로 바다에서 섬까지, 또는 배에서 배까지의 거리를 측량하는 문제가 없어도 이와 같은 방법으로 원하는 거리를 측량했음을 알 수 있다. 또 우리나라를 포함한 동양의 수학책은 문제와 답이

주어지고 풀이도 제시하고 있지만, 어디에서도 오늘날과 같은 엄격한 증명은 찾아볼 수 없다. 조선 수학자들은 기존에 주어진 문제를 예제로 삼아 비슷한 문제를 해결한 것으로 보인다. 《묵사집산법》에는 다음과 같은 문제가 있다.

지금 대나무가 서 있는데, 그 길이를 알지 못한다. 다만 대나무 밑에서 2장 8자 물러나서 1장의 콧말을 세우고 콧말 뒤로 또 8자 물러나서 눈을 땅에 붙이고 바라보니 대나무의 끝이 콧말의 끝과 함께 나란히 짝을 이루어 가지런하다고 한다. 대나무의 높이는 얼마인가?

답 : 4장 5자
풀이 : 대나무에서 물러난 거리 2장 8자를 놓고 실이라고 하자. 콧말에서 물러난 거리 8자를 법이라고 하자. 실을 법으로 나누면 3자 반을 얻는다. 콧말의 길이를 이에 곱하면 3장 5자를 얻고 콧말의 높이 1장을 더하면 물음에 합당한 답을 얻는다.

이 문제의 풀이에서는 대나무의 길이를 보조 도구인 콧말의 길이를 이용하여 구하고 있다. 그리고 이것은 앞에서 설명한 직각삼각형의 닮음을 이용한 것으로 다음 〈그림 2〉와 같이 대나무를 선분 AB, 콧말을 선분 FE라 하면 직각삼각형 ABC의 높이 AB를 구하는 문제이다.

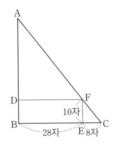

<그림 2> 대나무의 높이를 구하는 문제

닮은 직각삼각형 FEC와 ADF로부터 $\overline{EC} : \overline{DF} = \overline{FE} : \overline{AD}$ 이므로 선분 AD의 길이를 다음과 같이 구할 수 있다.

$$\overline{AD} = (\overline{DF} \div \overline{EC}) \times \overline{FE} = (28 \div 8) \times 10 = 35\text{(자)}$$

따라서 대나무의 높이는 여기에 푯말의 길이 1장, 즉 10자를 더한 45자가 된다. 이를 다시 장으로 바꾸면 4장 5자이다.

《구일집》에는 망해도술 문제가 총 6개 수록되어 있는데, 모두 두 개의 직각삼각형의 닮음을 이용하여 거리나 높이를 측량하는 것이다. 그 중에서 하나를 알아보자.

지금 바다에 섬이 있으나 그 높이와 거리를 모른다. 이제 4장의 푯말을 세우고 70장을 물러서서 다시 4자의 짧은 푯말을 세워 바라보니 두 개의 푯말의 끝과 섬 봉우리 끝이 직선으로 보였다. 여기서(여기란 첫 번째 푯말이 놓인 곳을 말한다. 문제의 표현이 부정확하게 되어 있는데. 600장은 두 개의 4장 푯말 사이의 거리이다.) 600장을 물러서서 다시 4장의 푯말을 세우고 72장을 물러서서 다시

4자의 짧은 푯말을 세워 바라보니 두 푯말의 끝과 섬 봉우리의 끝이 직선으로 보였다. 바다 섬의 높이와 섬까지의 거리는 얼마인가?

답 : 섬의 높이 6리 4장, 섬까지의 거리 116리 120장

풀이 : 푯말 높이 4장에서 짧은 푯말 4자를 뺀 나머지는 3장 6자이다. 여기서 두 푯말 사이의 거리 600장을 곱한다(2160장). 이것을 실로 한다. 별도로 뒤의 푯말에서 물러선 72장에서 앞의 푯말에서 물러선 70장을 뺀 나머지는 2장이다. 이것을 법으로 하여 실을 나누면 1080장을 얻는다. 여기서 푯말 높이 4장을 더하여 얻은 수(1084장)가 섬의 높이이다. 고치면 6리 4장이다. 이때 1리는 360보이므로 180장이다. 180장으로 나눈다. 또 푯말 사이의 거리 600장에 앞 푯말에서 물러난 70장을 곱하여 얻은 수(42000장)을 역시 앞의 법(2장)으로 나눈다(21000장). 이것을 리로 고치면(180장으로 나눈다.) 섬까지의 거리이다.

이 문제에서 길이가 4장인 푯말에서 섬의 봉우리 끝까지의 길이를 x, 첫 번째 푯말에서 섬까지의 거리를 y라고 하고 그림으로 나타내면 다음과 같다.

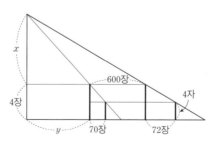

<그림 3> 섬의 높이와 거리를 구하는 문제

문제에서와 같이 두 개의 푯말을 세워서 얻은 값의 차를 이용하는 문제를 '중차'라 한다. 이것은 《구수략》에서 설명한 것과 같다. 〈그림 3〉에서 두 쌍의 닮은 직각삼각형을 찾을 수 있다. 따라서 다음과 같은 비례식을 얻을 수 있다.

$$x : y = (4 - 0.4) : 70$$
$$x : (y + 600) = (4 - 0.4) : 72$$

위의 두 식으로부터 다음과 같은 연립일차방정식을 얻을 수 있다.

$$\begin{cases} 70x = 3.6y \\ 72x = 3.6(y + 600) \end{cases}$$

이 연립일차방정식을 풀면 다음을 얻는다.

$$x = \frac{3.6 \times 600}{72 - 70} = 1080, \quad y = \frac{600 \times 70}{72 - 70} = \frac{42000}{2} = 21000$$

따라서 섬의 높이는 $x + 4 = 1084$장이고, 섬까지의 거리는 21000장이다. 1리가 180장이므로 이것을 180으로 각각 나누면 섬의 높이는 6리 4장이고, 섬까지의 거리는 116리 120장이다.

한편, 위와 매우 비슷한 문제가 《측량도해》라는 수학책에도 수록되어 있다.

지금 바다 위의 섬을 바라보고 있다. 높이가 똑같이 3장인 두 개의 푯말을 세우는데, 앞과 뒤의 푯말 사이는 1000보이다. 뒤의 푯말과 앞의 푯말을 [섬의 봉우리와 더불어] 서로 가지런하게 한다. 앞의 푯말로부터 123보 물러나서 눈을 땅에 붙이고 섬의 봉우리를 바라보면 푯말의 꼭대기와 서로 가지런하다. 뒤의 푯말로부터 127보 물러나서 눈을 땅에 붙이고 섬의 봉우리를 보면 역시 푯말의 꼭대기와 서로 가지런하다. 섬의 높이 및 [앞의] 푯말과의 거리는 각각 얼마인가?

답 : 섬의 높이 4리 55보, 섬과 앞의 푯말과의 거리 102리 150보

여기서 1장은 10자, 1보는 6자, 1리는 300보이다. 위의 문제를 정리하면 다음 〈그림 4〉와 같다.

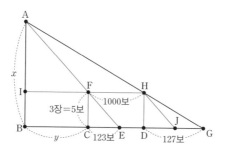

<그림 4> 섬까지의 거리를 구하는 문제

그런데 위의 문제에 대한 풀이는 상당히 길게 소개되어 있기 때문에 여기서는 생략하고, 오늘날의 방법으로 풀어 보자. 〈그림 2〉와 마찬가지로 〈그림 4〉에서도 섬의 높이는 $\overline{AB}$, 푯말의 높이는 $\overline{CF}$, 두 푯말 사

이의 거리는 $\overline{FH}=\overline{CD}$, 두 푯말에서 각각 물러난 거리는 $\overline{CE}$, $\overline{DG}$, 앞 푯말과 섬까지의 거리를 $\overline{BC}$라 하자. $\triangle ABE$와 $\triangle FCE$가 닮음이므로 $\overline{AB}:\overline{BE}=\overline{FC}:\overline{DG}$이다.

즉, $x:y+123=5:123$이므로 $123x=5y+615$이다.

또 $\triangle ABG$와 $\triangle HDG$가 닮음이므로 $\overline{AB}:\overline{BG}=\overline{HD}:\overline{DG}$이다.

즉, $x:y+1127=5:127$이므로 $127x=5y+5635$이다. 따라서 다음 연립방정식을 얻고, 이를 풀면 $x=1255$, $y=30750$이다.

$$\begin{cases} 123x=5y+615 \\ 127x=5y+5635 \end{cases}$$

그러므로 섬의 높이는 1255보이고, 앞 푯말로부터 섬까지의 거리는 30750보(102리 150보)가 된다.

이제 마지막으로 소설 《임꺽정》에서 서림이가 망해도법으로 매로바위 높이를 구하는 장면을 수학적으로 살펴보자. 앞에서 제시된 내용을 그림으로 나타내면 다음과 같고, $\tan A=\dfrac{1}{2}$이므로 $\dfrac{\overline{DE}}{20}=\dfrac{1}{2}$이다. 따라서 $\overline{DE}=10$(자)이다.

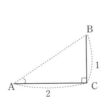
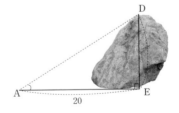

그런데 임꺽정이 잡힌 것은 서림의 배반 때문이었다. 서림은 붙잡힌 뒤 관군의 앞잡이 노릇을 하며 임꺽정을 잡는데 앞장섰고, 임꺽정은 1년 가까운 도피 끝에 결국 화살에 맞아 쓰러졌다. 사실 소설에서는 서림이 망해도법을 알고 이를 활용했지만 실제 임꺽정의 수하였던 서림이 진짜로 망해도법을 이용했는지는 알 수 없다. 다만 작가 홍명희는 당시 임꺽정 무리에 수학을 아는 인물이 있었으리라고 생각했다는 것이 분명하다.

7년간의 국제전 임진왜란과 이순신 :
학익진 전법과 도훈도

조선 수군은 임진왜란 초기부터 이순신을 중심으로 바다에서 일본에 연승을 거두었다. 이순신이
제해권을 차지할 수 있었던 요인은 학익진 같은 탁월한 전술도 큰 몫을 했지만, 각 병영이나 관청
마다 각종 계산을 전문적으로 할 수 있는 도훈도를 두었기 때문이다. 도훈도는 학익진에서 닮음비
를 사용하여 거리를 측량했던 산학자들이었다.

조선 선조 25년(1592), 명을 치려 하니 길을 내어 달라며 일본이 조선을 침략하면서 임진왜란이 시작되었다. 도요토미 히데요시(豊臣秀吉)가 일본을 통일하고 내부 갈등과 자신을 향한 도전 등을 바깥으로 돌리고자 대외 침략에 나선 것이다.

조선은 임진왜란 몇 해 전인 1590년에 일본에 통신사를 보낸 바가 있다. 통신사의 정사였던 황윤길은 일본이 많은 병선을 준비하고 있어 조선을 침략하리라 보고한 반면 부사였던 김성일은 침략 조짐이 없다고 했다. 당시 붕당 정치에서 동인 세력이 우세했는데 황윤길은 서인, 김성일은 동인이었다. 김성일의 의견에 다수 대신들이 동조하자 선조는 이를 따랐다. 하지만 일본의 조짐이 심상치 않아 남부 지역의 여러 성과 진영의 무기를 정비하는 등 침략에 대비는 했으나 준비 기간이 짧았고 대대적 침략까지는 예상치 못했다.

1592년 4월 13일, 일본군 선봉장 고니시 유키나가가 배 700척에 병력 18,700명을 이끌고 부산으로 침공해 온 것을 시작으로 총 20만 대군이 조선으로 쳐들어왔다.

일본군은 파죽지세로 북진해 불과 18일 만에 서울을 점령했다. 조선은 건국 이후 200년 가까이 큰 전쟁 없이 평화를 누렸기에 조정도 백성도 전쟁에 당황했다. 반면 일본군은 100년 가까이 센고쿠(전국 戰國, 패권을 차지하려 서로 다투던 15세기부터 16세기) 시대를 거치며 전쟁 경험이 풍부했고 신무기인 조총까지 보유해서 육지에서 거칠 것이 없었다. 선조는 서울을 버리고 개성과 평양을 거쳐 의주까지 이르렀다. 이곳에서 선조는 만

일의 사태에 대비해 평양에서 세자로 책봉한 광해군에게 분조(分朝, 왕을 대신한 작은 조정)를 맡기는 한편 명에 구원병 파견을 요청했다. 이에 명은 그해 12월에 수만 명을 파견해 참전했다. 명은 조선을 구원한다는 명분을 내세웠지만 실은 명을 침략하려는 일본에 맞서 자국의 안전을 확보하기 위해서였다. 이로써 임진왜란은 조선과 명이 일본에 맞서는 7년간의 국제전이 되었다.

일본은 육군이 부산을 통해 북진하고, 수군은 서해로 진출해 병력과 물자를 수송하고 더 나아가 대동강과 압록강까지 올라간다는 공격 계획을 세웠다. 육지에서는 계획대로 되는 듯했지만 수군은 초기부터 계획이 어그러져 남해 바다에서 꼼짝달싹하지 못했다. 이순신을 중심으로 한 조선 수군이 일본에 연승을 거두었기 때문이다. 이후에도 계속된 이순신의 승전은 왜란을 승리로 이끄는 데 결정적인 역할을 한다.

일본은 명과 진행하던 강화 회담이 깨지자 정유년(1597년)에 다시 침입했으나, 이순신이 이끄는 조선 수군과의 전투에서 패하고 도요토미 히데요시가 죽자 총퇴각함으로써 7년에 걸친 전쟁은 끝이 났다.

이순신, 학익진을 펼쳐
한산도 대첩을 이루다

조선 수군은 처음엔 속수무책으로 부산포를 점령당했지만 전열을 가다듬어 5월 초부터 일본군에 맞섰다. 전라 좌도(호남의 동쪽) 바다를 맡고 있던 이순신은 전투함 24척으로 함대를 꾸려 5월 7일에 거제도 옥포 앞바다에 도착했다. 당시 옥포만에는 일본 전함 30여 척이 있었다. 이날

옥포에서 조선 수군은 속전속결로 일본 전함 26척을 침몰시켰다. 또 달아나는 일본군을 추적해 합포와 적진포에서 일본 배를 침몰시켰다.

또 7월 8일에는 한산도 앞바다에서 쌍학익진법으로 대승을 거두었는데, 이를 한산도 대첩이라고 한다. 한산도 대첩은 한산도 앞바다에서 펼쳐진 조선 수군과 일본 수군 각각 1만여 명이 격돌한 중세기 최대 규모의 해전이었다. 이 전투의 승리로 임진왜란의 판세가 뒤바뀌었는데, 세계 해전사에서도 신화로 전해진다. 한산도 대첩을 계기로 이순신이 이끄는 조선 수군은 남해 바다를 장악한 뒤 서해로 올라가려던 일본 수군의 계획을 원천적으로 차단했다.

이순신이 올린 장계 〈견내량파왜병장 見乃梁破倭兵狀〉을 통해 한산도 대첩을 알 수 있는데, 이 장계에는 쌍학익진에 대한 내용도 나온다.

(중략) 한산도는 사방으로 헤엄쳐 나갈 길이 없고, 적이 비록 뭍으로 오르더라도 틀림없이 굶어 죽게 될 것이므로 먼저 판옥선 대여섯 척으로 먼저 나온 적을 뒤쫓아서 엄습할 기세를 보이게 하니, 적선들이 일시에 돛을 달고 쫓아 나오므로 우리 배는 거짓으로 물러나면서 돌아 나오자, 왜적들이 따라 나왔다. 그때야 여러 장수들에게 명령하여 학익진을 펼쳐 일시에 진격하여 각각 지자·현자·승자 등의 총통들을 쏘아서 먼저 두 세 척을 깨뜨리자, 여러 배의 왜적들은 사기가 꺾이어 물러나므로 여러 장수와 군사와 관리들이 승리한 기세로 흥분하며 앞다투어 돌진하며 화살과 화전을 잇달아 쏘아 대니 그 형세가 마치 바람처럼 우레처럼 적의 배를 불태우고 적을 사살하기를 일시에 다 해치워 버렸다. (중략)

이순신은 폭이 좁고 수심이 낮은 견내량 포구에 있던 일본 함대를 더 넓은 한산도 앞바다로 유인해 냈다. 그리고 일본 함대가 한산도 앞바다에 이르자 우리 함대들을 급히 좌·우·중앙의 세 갈래로 나누어 항진하게 하다가 갈라진 우리 함대의 왼쪽과 오른쪽 뱃머리가 일본 선단을 향해 빠른 속

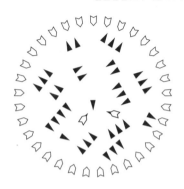

▲▲▲▲ 도주하는 14척

한산도에서 펼쳐진 조선 함대의 쌍학익진

도로 돌진하게 했고, 중앙부는 제자리에 멈추게 했다. 우리 함대는 양쪽 날개 쪽으로 넓게 펼쳐졌고 동시에 한산도 근처에 숨어 있던 또 다른 조선 함대가 일본 선단의 뒤를 막아 커다란 원과 같았다. 이는 앞뒤에서 학익진을 친 꼴이어서 쌍학익진이라 하며, 위의 그림과 같은 대형이다. 이런 전투 대형에서 조선 수군은 원 안쪽에 위치한 일본 선단에 각종 화기를 일시에 발사하여 괴멸시켜 버린 것이다.

학익진은 학이 날개를 펴는 모양을 전투의 진으로 응용한 것으로 원을 그리면서 상대를 둘러싸고 공격하는 형태이다. 조선 수군의 주력 전선인 판옥선이 일본 배의 조총이나 화포의 사정거리 밖에서 부채꼴을 이루고, 부채꼴의 중심에 있는 일본 선단을 향해 화포를 쏘아 괴멸시키는 전법이다.

원래 학익진은 육지에서 전투를 할 때 쓰던 전술 대형인데 이순신이 이 진법을 해전에 최초로 적용했다. 이순신이 해전에서 이 전술을 이용한

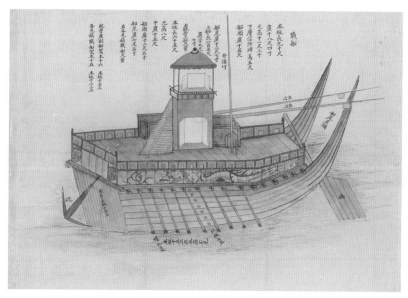

임진왜란 때 활약한 군선(軍船)인 조선의 판옥선
《각선도본各船圖本》, 조선 후기, 서울대학교 규장각한국학연구원

것은 조선 수군의 주력 무기인 각종 화포를 효율적으로 활용하기 위해
서였다. 학익진은 여러 화포를 동시에 발사하여 명중률을 높이고 화력
을 계속 유지할 수 있는 전법이었다.

임진왜란 때 이순신이 이끄는 조
선 수군이 제해권을 차지했던 요
인은 이순신의 탁월한 전술도 큰 몫을 했지만, 조선 수군의 특수한 제도
와 전투선, 화약 무기가 일본 수군보다 우월했던 점도 있다. 조선 수군

이 육군과는 독립된 병종으로 해상 방어를 전담하도록 제도가 확립된 것은 조선 전기이다. 그 이전까지 수군은 육군을 보조하는 역할을 했지만 고려 말 왜구의 침입이 빈번하면서 수군이 재정비되고 독자적 위상이 정립된 것이다. 《경국대전》에 따르면 수군은 각 도에 수군절도사(수사, 정3품)를 두고, 그 아래 첨절제사(첨사, 종3품)와 만호(종4품) 등을 두었다. 이순신은 임진왜란 전에 전라좌도 수군절도사가 되었는데 좌수영은 지금의 여수에 있었다.

임진왜란 중 경상·전라·충청 3도의 각 수군을 통합 지휘할 필요성이 생기자 1593년 선조는 삼도수군 통제영을 설치하고, 삼도수군통제사(오늘날의 해군 참모총장, 종2품)라는 관직을 만들어 이순신을 초대 통제사로 발령했다. 삼도수군통제사, 수군통제사, 수군절제사, 수군만호가 조선 수군 진영의 기본 통솔 체계였으며, 각 진영의 군관으로는 배를 지휘하는 선장, 신호를 담당하는 기패관, 도둑이나 범죄자를 관리하는 포도관, 훈육을 담당하는 훈도(훈도관) 등이 있었다.

여기서 우리가 주목해야 할 관리가 교육을 담당한 훈도이다. 조선 시대에는 훈도라는 하급 관리가 중앙의 교육기관, 지방 향교, 관아에 있었다. 그리고 수군의 조직에도 훈도가 있었는데, 그들이 각종 계산을 담당했음을 여러 자료를 통하여 알 수 있다.

조선 수군의 편제에서 훈도 또는 도훈도(都訓導)는 잘잘못을 가르쳐서 일을 잘하도록 했다. 이런 훈도는 각 군영에 소속된 최하급 관리 내지는 아전이라고 추측된다. 기패관보다는 낮은 신분으로 양반은 아니며, 중인의 신분이었다. 《풍천유향》에 의하면 '도훈도는 글을 쓸 줄 알고 계산에 밝으며, 활쏘기, 봉술 등의 무예를 익힌다.'라고 나와 있다.《만기요람》을 보면 도훈도가 임진왜란 당시 판옥선 내에서 잡다한 행정 실무를 총괄하는 직책이었으며 전선 운행, 전투와 관련된 임무를 맡아보았던 것을 알 수 있다.

임진왜란 당시 삼도수군통제사 겸 경상우수사 본영의 편제에는 16명의 도훈도가 있었다고 기록되어 있다. 또 경상좌수영에 5명, 전라좌수영에 9명, 전라우수영에 6명, 충청수영에 4명의 도훈도를 배치한 것으로 기록되어 있다. 이들은 각 수영에서 산학과 관련된 잡다한 일을 처리하는 아전이었고, 유사시에는 전투에 참가하는 병사이기도 했으므로 전투선을 탔을 때는 산학자로서 배의 항로나 적선까지의 거리를 측량

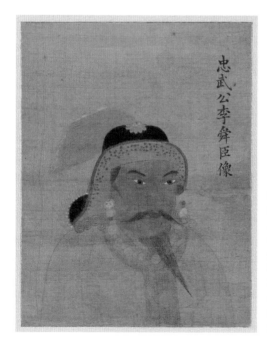

전 이순신 초상(傳李舜臣肖像)
이순신의 초상이라고 전해지는 작품으로 부산광역시 문화재자료 제56호이다. 오른쪽에 '충무공이순신상(忠武公李舜臣像)'이라고 적혀 있다. 제작 시기는 조선 후기에서 말기로 추정되는데, 현재까지 남아 있는 이순신 관련 초상으로는 가장 오래되었다. 비단에 채색, 28x22cm, 조선 후기~말기, 동아대학교 박물관

황자총통(黃字銃筒)
불씨를 손으로 점화·발사하는 유통
식화포(有筒式火砲) 가운데 크기가
가장 작은 화포이다. 화포는 크기, 화
약 양, 발사거리에 따라 천자문에서
그 이름을 따 천(天)·지(地)·현(玄)·황
(黃)자총통이라 붙였다. 보물 제886
호인 이 화포는 총구경 4㎝, 전체 길
이 50.4㎝로, 임진왜란 5년 전인 선
조 20년(1587)에 만들었다는 기록이
남아 있다. 국립중앙박물관

하는 역할도 했으리라는 추측을 자연스럽게 할 수 있다. 이들은 배의 항
해와 관련된 일을 하기도 했다.

이순신은 임진왜란이 일어나던 해부터 전쟁이 끝나는 순간을 눈앞에
두고 노량해전에서 전사하기까지 있었던 여러 가지 일을 《난중일기》로
남겼다. 《난중일기》와 이순신이 조정에 올린 장계를 보면 이순신은 어
림짐작으로 적선을 공격하는 비과학적인 방법이 아니라 수학을 기초로
정확한 거리를 예측하고 일시에 적을 공격함으로써 완벽한 승리를 이
끌어냈음을 알 수 있다. 이런 이순신의 승리에 도훈도의 도움도 컸을 것
이다.

학익진을 펼칠 때는 화포를 재빨리 발사하는 것이 작전의 성공 여부
를 결정한다. 조선의 화포는 한 번 발사하고서 다시 발사하기까지 시간
이 많이 걸렸다. 판옥선에는 많은 수의 화포가 장착되어 있었는데, 먼저
정면에 위치한 화포를 발사하고 배를 옆으로 돌려 좌현 또는 우현에 있
는 화포를 발사한다. 이때 정면에 있는 화포는 재빨리 다음 발사를 준비
하게 된다. 마찬가지로 정면에 있는 화포를 발사하는 동안에 좌우에 있

는 화포의 발사를 준비하면 배를 돌려가며 쉬지 않고 지속적인 공격을 할 수 있다.

한편, 위와 같은 일시 집중타를 실현하려면 무엇보다도 우리 판옥선에서 적선까지의 거리를 정확히 알아야 그 거리에 맞는 화포를 발사할 수 있다. 이순신의 장계에서 알 수 있듯이 조선 수군은 일본군과의 전투에서 '바람처럼' 일시에 전투를 승리로 이끌고 있다. 이는 수학을 이용한 정확한 거리 측량이 반드시 필요한 대목이다. 따라서 거리 측량이야말로 학익진의 성공에 반드시 필요한 요소였다.

조선 수군에 배치된 산학자가 망해도법을 이용하여 판옥선과 적선 사이의 거리를 측정했을 것이다. 망해도법은 닮은 두 직각삼각형의 닮음비를 이용하여 원하는 두 지점 사이의 거리를 구하는 방법이다. 오늘날에는 도형의 닮음에 대한 여러 성질이 어렵지 않은 내용일지라도 그당시에는 몇몇 산학자와 산학에 관심이 있던 양반만이 이해하고 문제를 풀어낼 수 있는 매우 어려운 수학이었다. 그래서 각 병영이나 관청마다 각종 계산을 전문적으로 할 수 있는 도훈도를 두었던 것이다. 도훈도는 학익진에서 닮음비를 사용하여 거리를 측량했던 산학자였다. 그리고 이와 같은 임무를 부여 받은 도훈도를 각 군영과 관청에 일정한 수를 배치하였다는 것은 조선 시대에도 산학의 필요성과 중요성을 알고 있었다는 것을 말해 준다.

《하멜 표류기》에 비친 조선 :
최석정의 《구수략》

네덜란드인 하멜이 13년간 조선에 머물면서 보고 들은 지리, 풍속, 생활 등을 기록한 책에는 산가
지 계산에 대한 글도 있다. 산가지에 대해 가장 잘 설명한 최석정의 《구수략》에는 산가지를 가지
고 덧셈, 뺄셈, 곱셈을 하는 방법뿐만 아니라 수의 기원과 근본, 분수를 나타내는 방법과 계산법,
연립방정식 등이 수록되어 있다.

청 정벌을 꿈꾸던 시기에
조선에 온 네덜란드 사람들

조선 인조는 정묘호란(1627년, 인조 5년)과 병자호란(1636년, 인조 14년) 두 번의 호란을 겪었다. 호란은 '북쪽 오랑캐가 일으킨 난'이라는 의미인데, 우리 역사에서 호란은 후금과 청나라가 침략한 전쟁을 주로 일컫는다. 오랑캐라 여긴 나라에 두 번이나 침략을 당하고 결국 항복을 해서 신하의 나라가 되겠다고 약조하고 소현 세자와 봉림 대군 등을 인질로 보내야 했던 인조는 청에 대해 복수의 칼을 갈았다.

소현 세자와 봉림 대군은 8년 동안 청나라에서 볼모 생활을 했는데, 두 왕자는 청에 대한 인식이 아주 달랐다. 소현 세자는 현실적으로 청나라를 인정하며 조선과 청 사이를 적극 중재했고, 중국으로 들어온 서구 과학 문명에 대해서도 열린 마음으로 관심을 가졌다. 그에 비해 봉림 대군은 청에 대한 복수심을 가지고 청을 정벌하리라 다짐했다. 인조는 큰아들 소현 세자를 못마땅하게 여겼고 소현 세자는 조선으로 돌아온 지 2개월 만에 급사했다. 그러자 인조는 소현 세자의 아들을 왕세손으로 삼는 대신 대청 강경파인 둘째 아들 봉림 대군을 세자로 삼았고, 인조의 뒤를 이어 봉림 대군이 왕위에 올라 효종이 되었다.

고려와 조선이 연도를 세는 방식은 유년칭원법踰年稱元法

고려와 조선에서는 왕이 바뀔 때 전왕이 죽은 다음 해를 새 왕의 원년(元年)으로 삼았다. 유년(踰年)은 해를 넘긴다는 뜻이다. 단, 세조, 중종, 인조처럼 전왕을 폐위시키고 즉위한 왕들은 즉위한 해부터 원년으로 삼았다. 즉, 세종 1년은 세종이 즉위한 다음 해이고, 인조 1년은 인조가 즉위한 바로 그해인 1623년이다. 인조는 즉위 5년 차인 1627년에 정묘호란을 겪었다.

인조와 효종이 왕위에 있던 17세기는 서양이 아시아 시장 개척에 적극적인 시기였다. 조선은 아시아 대륙의 동쪽 끝에 붙어 있어 서양의 관심에서 약간 빗겨나 있었지만 인도, 중국, 동남아 섬나라들을 거쳐 일본으로 향하던 서양 배들이 간혹 조선으로 표류하기도 했다. 인조 5년인 1627년에는 네덜란드 사람 벨테브레이가 동료 2명과 함께, 효종 4년인 1653년에는 역시 네덜란드 사람인 하멜 일행 36명이 제주도에 표류했다. 벨테브레이 일행은 서울로 압송된 뒤 훈련도감에서 총포를 제작하고 조종하는 법 등의 업무를 맡았고, 병자호란 때는 전투에 참가해 벨테브레이를 제외한 두 동료가 전사했다. 벨테브레이는 아예 조선에 정착해 박연으로 이름을 바꾸고 무과에 합격했으며, 조선 여자와 결혼해 가정도 꾸렸다. 박연은 수십 년 뒤 하멜 일행이 조선에 왔을 때 통역 임무를 띠고 제주로 가서 수십 년 만에 고국 사람들을 만났다. 그런데 박연은 네덜란드어를 쓰는 사람이 한 명도 없는 조선에 25년 가까이 살다 보니 자신의 모국어를 거의 다 잊어버려 처음에는 하멜 일행과 의사소통이 힘들었다. 하멜 일행과 1달 가까이 같이 지낸 뒤에야 잊었던 모국어를 다시 떠올리게 되었다고 한다.

네덜란드 사람 하멜이 쓴 조선 이야기

하멜은 네덜란드에서 태어나 중국, 인도, 일본, 동남아 등지로 활발하게 무역을 하던 동인도회사에 취직했다. 1653년에 하멜과 그 일행은 회사 지시에 따라 스페르베르호를 타고 일본 나가사키로 향하다 제주 근

하멜 보고서
하멜 일행이 13년간 조선에 머물면서 지리, 풍속, 생활 등 보고 들은 것을 기록한 육필 보고서이다. 보고서는 조선 억류 기간 동안 받지 못한 임금을 청구하기 위해 작성한 것인데, 이것을 바탕으로 《하멜표류기》가 출간되었다.

처에서 풍랑을 만났다. 결국 배가 가라앉아 선원 28명이 익사하고 하멜 일행 36명이 살아남아 제주 모슬포 근해에 상륙했다. 이중 하멜을 포함한 8명이 13년 뒤에 조선을 탈출하는 데 성공했다. 조선에 표류한 하멜 일행은 제주도에서 동포인 벨테브레이를 만난 뒤 서울로 호송되어 군사 훈련을 받고 효종을 호위하기도 했으나 몇 명이 탈출을 시도하다 체포되는 바람에 전라도에 유배되어 7년을 보냈다.

하멜은 1666년 9월 동료 7명과 함께 탈출하여 일본을 거쳐 1668년 본국으로 돌아간 뒤, 13년간의 조선 생활을 글로 썼다. 하나는 조선에 억류된 기간 동안의 급여를 동인도회사에 청구하기 위해 쓴 '일지'이고, 또 다른 하나는 보고 듣고 겪은 조선의 풍물에 대한 것이다. 이 글들을 엮어 출간한 책이 우리가 흔히 말하는 《하멜 표류기》이다. 이방인의 눈으로 본 단상일 수도 있지만 조선을 잘 알지 못했던 서구에 우리나라를 소개한 책으로 의의가 깊다. 이 책의 〈조선국에 관한 기술〉의 '형법'이란 꼭지에는 인조에게 사약을 받아 죽은 소현 세자 부인 민회빈 강씨에 대한 것으로 보이는 내용이 들어 있는데, 아래와 같다.

(....) 왕이 버린 친고에 복종하지 않고 트집을 잡으려는 자는 사형된다. 우리가

조선에 있을 때 이와 유사한 일이 있었다. 왕(하멜이 조선에 머물 때 왕은 효종)의 형수 (민회빈 강씨)가 바느질을 아주 잘해 왕이 예복을 한 벌 만들라고 했다. 그 부인은 왕을 경멸했기 때문에 그 예복 안감에다 주술용 약초 몇 개를 넣어 꿰맸는데, 이런 연유로 왕이 그 옷을 입을 때는 언제나 불길했다. 왕은 바늘땀을 뜯어버 그옷을 조사하라 명령했는데, 옷 속에 숨겨진 사악한 물질이 발견되었다. 왕은 그 부인을 구리 마루로 된 방에 감금한 뒤 불을 지펴 죽였다. 당시 양반 출신의 고위 관료이며 궁에서 매우 존경받던 그녀의 친척 한 명이 지체 높은 집안의 여자를 다른 방법으로 처벌할 수도 있었을 텐데 형벌이 너무 가혹했다는 상소문을 올렸다. 상소를 읽고 왕은 그를 소환해서 하루에 정강이를 120대 때리게 한 후 참수했으며, 그의 전 재산과 노비를 몰수했다. (…)

하멜의 글은 일부는 맞고, 일부는 틀리다. 민회빈 강씨가 왕에게 죽임을 당한 것, 민회빈의 친척 더 정확히는 형제들이 처형된 것은 맞지만, 민회빈을 죽인 왕은 시동생인 효종이 아니라 시아버지인 인조였다. 인조는 민회빈을 자신의 음식에 독약을 넣었다는 혐의를 씌워 사약을 내려 죽였다. 이 궁중 비사는 하멜이 조선에 오기 7년 전에 일어난 일인데, 하멜이 쓴 글은 조선 사회에서 민회빈의 죽음이 어떻게 전해지는지 보여주고 있다. 하멜의 책에는 조선의 '형법' 외에도 지리, 종교, 주택, 교육, 산술과 부기, 장례, 도량형, 문자 등에 대한 내용이 실려 있다.

산가지 계산법과 최석정의 《구수략》

하멜이 쓴 책에서 '산술과 부기'의 내용은 다음과 같다.

그들은 우리 네덜란드의 계수기처럼 긴 막대기로 계산을 한다. 그들은 상업 부기를 모른다. 무언가를 사면 그 매입 가격을 적고, 그 다음에 매출 가격을 적는다. 이렇게 해서 그 두 가격의 차액으로 얼마나 이익이 났는지 손해가 났는지를 알게 된다.

하멜이 본 조선 사람들의 계산 도구인 긴 막대기는 산가지(산목, 산대)이다. 그렇다면 우리 선조는 산가지로 어떻게 계산했을까?

산가지 계산에 대해 가장 잘 설명한 책은 숙종 대에 영의정을 지낸 최석정이 지은 《구수략》이다. 최석정은 병자호란 때 청과 강화하자고 주장한 최명길의 손자로 과거에 급제하여 승문원(외교 문서 작성을 맡아보던 관청)에서 관직 생활을 시작해 영의정을 지냈다. 소론의 우두머리여서 치열한 당파 싸움으로 진퇴를 거듭하다 보니 약 10차례나 영의정을 지냈다. 정치에서 물러난 뒤에 우리나라 수학 역사상 몇 안 되는 수학책인 《구수략》을 저술했다.

《구수략》
최석정이 역학 사상에 따라 수론을 펼친 책으로, 갑·을·병·정의 4편으로 엮었다. 갑편은 4칙 연산에 대한 기본 설명, 을편은 연산을 다른 응용문제, 병편은 방정(方程) 등에 관한 문제, 정편은 새로운 산법이나 마방진을 다루었다. 국립중앙박물관

《구수략》은 수의 기원과 근본, 분수를 나타내는 방법과 그 계산, 규칙을 가지고 더해지는 급수의 합, 연립방정식 등을 담고 있다. 또 덧셈, 뺄셈, 곱셈을 하기 위한 산가지의 모양과 산가지를 늘어놓는 방법을 '수상(數象)' 편에서 설명하고 있다. 아래 왼쪽은 산가지를 사용하여 987654321을 나타낸 것이고, 오른쪽은 9472503816을 나타낸 것으로 숫자 0은 원 모양인 ◯로 나타냈음을 알 수 있다.

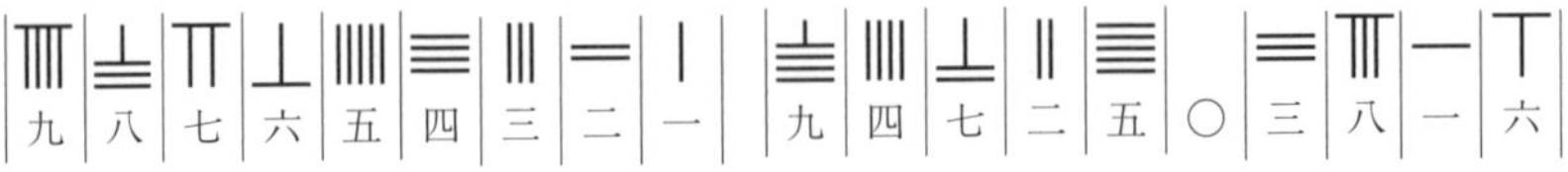

9 8 7 6 5 4 3 2 1　9 4 7 2 5 0 3 8 1 6
九 八 七 六 五 四 三 二 一　九 四 七 二 五 ○ 三 八 一 六

산가지로 수를 나타내는 방법

그런데 위의 두 그림을 보면 같은 1이라도 산가지가 어떤 것은 세워져 있고, 어떤 것은 누워 있다. 이는 산가지를 자릿값에 따라 세우거나 눕히기 때문인데, 홀수 자리는 세우고 짝수 자리는 눕힌다. 이를테면 6347과 8602를 나타내면 그림과 같은데, 8602에서 0인 경우는 그 자리를 비워 놓는다. 또 음수 −6347을 나타낼 때는 6347을 나타낸 산가지 위에 비스듬하게 한 개를 더 올려놓았다.

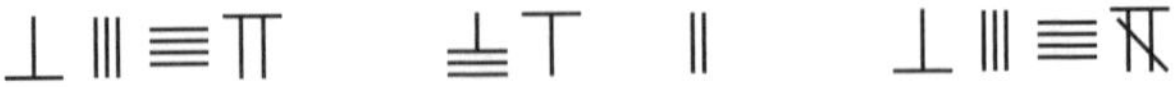

6,347　8,602　−6347

산가지로 나타낸 숫자

같은 책 '수기(數器)' 편에서는 산가지의 모양을 기술하고 도량형을 수의 기(器)로 제시하고 있다. 한편 '수법(數法)' 편에 있는 통론사법은 덧셈, 뺄셈, 곱셈, 나눗셈에 대한 내용인데, 곱셈구구와 이를 산가지로 나타내는 방법도 등장한다. 오늘날 우리가 암기하는 곱셈구구가 이미 조선 시대부터 있었던 것임을 알 수 있다.

곱셈구구의 계산 결과는 다음과 같이 구구자수명도(九九子數名圖)와 구구자수상도(九九子數象圖)로 나타냈다.

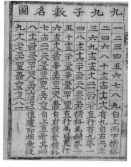 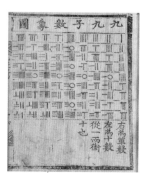

구구자수명도(九九子數名圖)
국립중앙박물관

구구자수상도(九九子數象圖)
국립중앙박물관

구구모수명도와 구구자수명도는 다음과 같이 오늘날 우리가 사용하고 있는 곱셈구구표와 같음을 알 수 있다.

9×1	8×1	7×1	6×1	5×1	4×1	3×1	2×1	1×1
9×2	8×2	7×2	6×2	5×2	4×2	3×2	2×2	1×2
9×3	8×3	7×3	6×3	5×3	4×3	3×3	2×3	1×3
9×4	8×4	7×4	6×4	5×4	4×4	3×4	2×4	1×4
9×5	8×5	7×5	6×5	5×5	4×5	3×5	2×5	1×5
9×6	8×6	7×6	6×6	5×6	4×6	3×6	2×6	1×6
9×7	8×7	7×7	6×7	5×7	4×7	3×7	2×7	1×7
9×8	8×8	7×8	6×8	5×8	4×8	3×8	2×8	1×8
9×9	8×9	7×9	6×9	5×9	4×9	3×9	2×9	1×9

9	8	7	6	5	4	3	2	1
18	16	14	12	10	8	6	4	2
27	24	21	18	15	12	9	6	3
36	32	28	24	20	16	12	8	4
45	40	35	30	25	20	15	10	5
54	48	42	36	30	24	18	12	6
63	56	49	42	35	28	21	14	7
72	64	56	48	40	32	24	16	8
81	72	63	54	45	36	27	18	9

《구수략》은 또 산가지 계산법을 그림으로 나타내고 일일이 그 알고리즘을 설명하고 있는데, 다음과 같은 예가 있다.

예를 들어 직사각형 모양의 밭의 길이는 36보이고 너비는 24보이다. 넓이는 얼마인가? 그림에 의지해서 산가지를 펼치자.

장 36을 원수元數로 삼고, 활 24를 법수法數로 삼는다. 먼저 법수와 원수를 가지고 6을 짝하여 부르면 2×6은 12고, 4×6은 24이다. 가운데 격자에 144를 버려놓는다. 위 격자에서 6을 제거한다. 수가 이루어져 끊어진 것을 버린다.

다음으로 법수는 한 자리를 나아가고 원수 30을 짝으로 부르면 2×3은 6과 같고, 3×4는 12이다. 가운데 격자에 720을 버려놓는다. 합해서 모두 864이다.

이처럼 그림과 함께 자세한 설명을 덧붙였는데, 이 책의 설명대로 계산하면 다음과 같다. 이때 계산 결과인 36×24＝864는 마지막 그림의 가운데에 산가지로 표시된다.

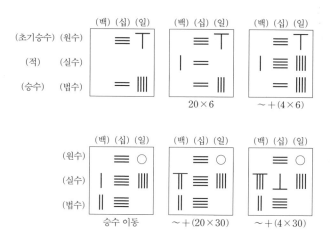

거북이 등 모양을 비롯한 각양각색의 마방진

한편, 《구수략》의 부록에는 오늘날 우리가 마방진이라 일컫는 것들이 들어 있다. 동양 수학에는 자연수들을 다각형이나 원과 같은 형태로 배열해서 도식화하는 전통이 있었다.

그 기원을 이루는 하도(河圖)와 낙서(洛書)는 음양오행 사상의 기본적인 원리를 함축하고 있다. 특히 낙서는 오락 수학의 큰 줄기를 이루고 있는 마방진의 효시가 되었다.

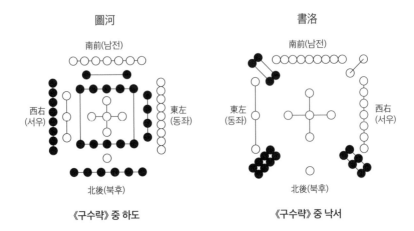

圖河	書洛

《구수략》 중 하도

《구수략》 중 낙서

하도는 그림과 같이 1개부터 10개 까지의 점의 무리로 이루어진 것으로 삼황의 한 사람인 복희씨가 황하의 용 마(龍馬)에서 얻었다는 전설이 있다. 하 도 그림에서 점의 무리를 개수에 따라 차례로 배열하면 오른쪽과 같다.

최석정은 하도에서 홀수를 천수로, 짝수를 지수로 분류하였고, 아래의 설 명에서는 자연수 1부터 10까지의 합을 구하는 다음과 같은 과정을 소개하고 있다. 사실 이 식은 1부터 n까지 자연 수의 합과 같다.

$$7$$
$$2$$
$$8 \quad 3 \quad (10, 5) \quad 4 \quad 9$$
$$1$$
$$6$$

하도의 식 : $1+2+3+4+5+6+7+8+9+10$

$$= (1+10)+(2+9)+(3+8)+(4+7)+(5+6)$$

$$= \frac{10(1+10)}{2} = \frac{10 \times 11}{2} = 55$$

1부터 n까지 자연수의 합 : $1+2+\cdots+n = \frac{n(n+1)}{2}$

낙서는 1개부터 9개까지의 점의 무리로 이루어진 것으로 오제 가운데 한 사람인 우(禹)가 황하의 상류인 낙수에서 치수 사업을 하고 있을 때 나타난 거북이의 등에 새겨져 있었다고 한다. 이를 수로 나타내면 오른쪽과 같은 9개의 수를 정사각형으로 배열한 마방진을 얻는다.

4	9	2
3	5	7
8	1	6

마방진은 옛날 중국 사람들에게 매우 중요한 의미가 있었다. 동양의 기본 사상은 음양오행이고, 거북이 등에 있는 숫자들은 바로 오행에 관한 것이기 때문이다.

즉, 위의 3차의 마방진을 오행사상으로 다음과 같이 해석한 것이다. 3차의 마방진에서 숫자를 $(7, 2), (9, 4), (6, 1), (8, 3), (5, 0)$로 묶어서 생각해 보자. 그러면 모두 두 숫자의 차가 5이고, 이것을 수학적으로 표현하면 5로 나누었을 때 나머지가 같은 수들이다.

$7 \equiv 2 \pmod 5$이고, $9 \equiv 4 \pmod 5$이고, $8 \equiv 3 \pmod 5$이고,

$6 \equiv 1 \pmod 5$이며, $5 \equiv 0 \pmod 5$이다.

그러므로 3차의 마방진은 음양오행의 입장에서 이상적인 수표이다. 실제로 옛날 중국에서는 이 표를 이용하여 달력을 만들었다고 한다. 또

마방진은 농사를 지을 때 씨앗을 뿌리는 방법이나 귀신을 물리치는 부
적으로도 사용했다고 한다.

《구수략》에는 각양각색의 마방진이 있는데, 가장 흥미로운 것은 지
수용육도(地數用六圖)와 지수귀문도(地數龜文圖)이다. 지수용육도는 1부터
20까지의 수를 한 번씩만 사용하여 육각형 5개의 각 꼭짓점에 놓아 수
의 합이 모두 63이 되도록 만드는 것이다.

지수귀문도는 거북 등처럼 생긴 마방진인데, 1부터 30까지의 수를
한 번씩만 사용하여 육각형 9개의 각 꼭짓점에 놓이는 수의 합이 모두
93이 되도록 만드는 것이다. 최석정이 제시한 여러 형태의 마방진 중에
서 육각형 모양을 한 것은 단지 이 두 가지뿐이다. 그런데 이 두 가지는
중국의 수학책에서는 찾아볼 수 없는 독특한 것이다. 다음은 최석정이
제시한 해이다.

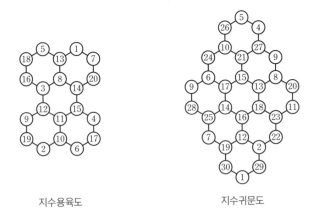

지수용육도   지수귀문도

사실 지수용육도와 지수귀문도의 해는 최석정이 제시한 해 이외에도

더 있는데, 위의 해는 최석정이 제시하지 않았던 해들이다.

이외에도 《구수략》에는 다양한 모양의 마방진이 실려 있다. 최석정이 보여준 다양한 마방진은 단순한 수학적 놀이에 불과해 보이지만, 이 것을 풀려면 수학적으로 많은 생각을 해야 한다. 이는 결국 수학적 사고력을 확장하는 중요한 요인이 되었고, 조선 시대 사대부들이 수학을 즐기는 다양한 방법 중 한 가지였음을 짐작할 수 있다.

신도시 화성을 건설한 정조와 정약용 :
거중기와 도르래

수원 화성을 축성하는 데는 정약용이 고안한 거중기가 중요한 역할을 했다. 거중기는 작은 힘으로
무거운 물건을 들어 올리는 데 썼는데, 정약용이 동서양의 기술서를 참고하고 도르래의 성질을 이용
해 만들었다. 정조는 화성에 행차하는 모습을 의궤로 남기도록 해 당시의 생활 문화, 수학과 과학의
수준 등을 짐작할 수 있게 했다.

조선 시대 왕들의 평균 수명은 약
46세인데, 재위 기간이 52년이나
되는 영조는 82세까지 살아 조선 왕들 가운데 가장 오래 살았다. 왕들의
수명과 관련해 흥미로운 것은 왕위에서 쫓겨나 유배지에서 66세로 세상
을 떠난 광해군이 조선 왕들 중에서 4번째로 오래 살았다는 점이다. 영조
는 재위 기간도, 수명도 길어 여러 업적을 남겼지만 그림자도 많았는데,
그중 하나가 아들 사도 세자를 죽인 것이다. 정조는 11세 어린 나이에 할
아버지 영조가 아버지 사도 세자를 죽이는 참혹함을 겪었고, 15년 뒤 영
조를 이어 왕위에 올랐다.

어려서부터 독서광이었고 학문에 조예가 깊었던 정조는 '모든 시냇
물을 비추는 달처럼 모든 백성을 사랑하는 정치를 하겠다.'는 다짐으로

화성전도
화성 일대를 조망해 비단에 6폭으로 그렸다. 화성의 도시 구조는 성곽 시설과 행궁 시설, 민가 구역으로
크게 나눌 수 있는데, 이러한 성곽과 건물의 세부가 자세하게 그려져 있다.
전체 길이 198cm, 전체 너비 96cm, 길이 180cm, 너비 58cm, 국립중앙박물관

자신을 만천명월주인옹(萬川明月主人翁)이라 칭했다. 정조는 양반 중심인 국가 운영 체제를 탈피하고자 서얼, 지방 선비, 중인, 농민 등 소외된 계층을 과거를 통해 적극적으로 등용했다. 또 젊은 인재를 적극 키우고자 초계문신(抄啟文臣)제를 운영했는데, 젊은 문신 중에서 인재를 선발해 규장각에서 특별 교육을 하는 것이었다. 대표적인 초계문신으로 정약용, 이가환, 서유구 등이 있는데, 이들은 주로 실학자로 남인과 북인 계열의 인물들이 많았다. 이중 정약용은 특히 정조의 총애를 받았다.

한편 정조는 아버지인 사도 세자에게 극진히 효도했다. 사도 세자의 묘소를 양주에서 수원으로 옮겨 현륭원이라 하고, 현륭원 북쪽의 팔달산 밑에 새로운 성곽 도시로 화성을 건설했다.

수원 화성은 정약용이 동서양의 기술서를 참고해《성화주략》을 만들고 이를 토대로 재상 채제공이 총괄하고 조심태가 지휘하여 1794년 1월에 착공해 1796년 9월에 완공했다. 공사에 참여한 노동자들에게는 일당이 지불되었고, 공사가 끝난 뒤에는 일종의 백서라 할 수 있는《화성성역의궤》를 편찬하여 공사에 관련된 모든 경비, 인력, 물자, 기계, 건축물을 상세히 기록하였다. 수원 화성은 평산성(平山城)의 형태로 동쪽은 평지이고 서쪽은 팔달산으로 연결되어 자연스럽게 산성의 역할을 하며 군사적 방어 기능과 상업적 기능을 모두 갖추었다. 성벽은 외측만 쌓아 올리고 내측은 자연 지형을 이용해 흙을 돋우어 메우는 방법으로 성곽을 만들었다. 수원 화성은 당대 학자들이 충분히 연구하고 계획하여 당시까지 등장한 여러 축성술을 집약한 결정체라 할 수 있다.

치밀하고 아름다운 백서, 의궤儀軌

조선은 왕실과 나라의 큰 행사가 있을 때마다 그 시작부터 끝까지 모든 과정을 치밀하게 기록하여 남겼는데, 이를 의궤라 한다. 의궤는 의식의 모범이 되는 책이라는 뜻이다. 왕실 혼인, 회갑연, 장례 등과 관혼상제 의식, 외국 사신 접대, 실록 편찬, 왕릉이나 궁궐 건축 때도 의궤를 만들어 남겼다. 의궤에는 일정, 참가자, 도구, 비용 등 행사의 모든 과정을 다 적어 넣었다. 현재 의궤는 수천 권이 남아 있으며 유네스코 세계 기록유산으로 등재되었다.

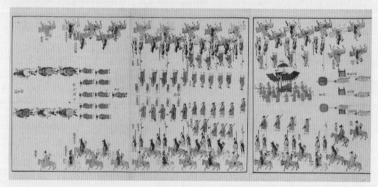

영조와 정순왕후의 가례도감의궤
1759년(영조 35)에 정순 왕후 김씨를 계비로 맞이하는 혼례식을 기록한 의궤이다. 영조가 정순 왕후를 데리고 궁으로 가는 <친영반차도>가 실려 있다. 서울대학교 규장각한국학연구원

정조의 총신寵臣 정약용이 만든 거중기

수원 화성을 축성하는 데는 정약용이 고안한 거중기가 요긴하게 사용되었다. 거중기는 작은 힘으로 무거운 물건을 들어 올리는 데 사용하던 재래식 기계이다. 정약용은 정조가 중국에서 들여온 《기기도설》이란 책을 참고하여 거중기를 만들었다고 한다. 화성을 축성할 때 거중기 11대가 사용되었으며 왕실에서 직접 제작하여 공사 현장에 내려보냈다고 한다. 정약용이 만든 거중기는 도르래의 성질을 이용한 것이다. 도르

래는 홈이 파진 바퀴에 밧줄이나 사슬을 걸고 물건을 들어 올리거나 잡아당기는 기구이다. 또한 힘의 방향을 바꾸거나 보다 적은 힘으로 물체를 이동시킬 수 있으며, 고정도르래와 움직도르래가 있다.

고정도르래는 도르래의 축이 고정되어 있는 것으로 다음 그림의 왼쪽과 같이 줄의 한 쪽에 들어 올리고자 하는 물체를 연결하고 다른 쪽을 잡아당기면 물체를 들어 올릴 수 있다. 고정도르래는 힘의 방향을 바꾸는 역할만을 하기 때문에 물체를 1m 들어 올리려면 줄을 1m 잡아당겨야 한다. 즉, 물체가 움직인 거리와 줄을 잡아당긴 거리는 같다. 고

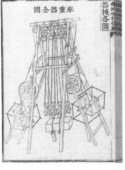

《화성성역의궤》에 실린 거중기 그림
오른쪽은 조립된 전체 그림, 왼쪽은 각 부분을 분해한 그림이다. 당시 거중기는 40근의 힘으로 2만 5000근의 돌을 들어올렸다고 한다. 국립중앙박물관

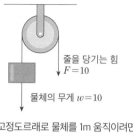

줄을 당기는 힘
$F=10$

물체의 무게 $w=10$

고정도르래로 물체를 1m 움직이려면
줄을 1m 잡아당겨야 한다.

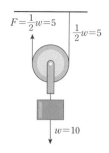

$F=\frac{1}{2}w=5$ $\frac{1}{2}w=5$

$w=10$

움직도르래로 물체를 1m 움직이려면
줄을 2m 당겨야 하지만 힘은
고정도르래의 반이 든다.

정도르래는 우물에 걸린 두레박처럼 더 안정적인 자세로 작업을 할 수 있게 도와주지만 힘은 물체를 그냥 들어 올리는 것과 똑같이 든다.

움직도르래는 위 오른쪽 그림처럼 이동시키려는 물체와 축이 연결되며, 줄의 한 쪽은 단단히 고정되어 있고 다른 한 쪽에 힘을 주어 물체를 움직이게 된다. 즉, 물체를 들어 올리려고 줄을 잡아당기면 도르래도 물체와 함께 위로 올라오게 된다. 움직도르래는 힘의 방향을 바꾸는 것과 동시에 도르래가 걸려 있는 줄의 양쪽에서 물체의 무게를 지탱하기 때문에 절반의 힘으로 물체를 이동할 수 있게 해 주지만 고정도르래와는 다르게 물체를 움직인 거리보다 줄을 2배 더 잡아당겨야 한다. 즉, 움직도르래는 절반의 힘으로 물체를 이동할 수 있게 해 주지만 고정도르래로 움직일 수 있는 만큼 물체를 이동하려면 그보다 두 배의 길이만큼 줄을 잡아당겨야 한다. 그래서 움직도르래의 경우 힘은 고정도르래의 절반이 들지만 움직이는 거리는 고정도르래의 두 배가 되고 전체적으로 한 일의 양은 같다.

도르래 축에 걸린 힘과 줄의 양쪽 끝에 걸린 힘의 합이 같을 때 도르래는 일정한 위치에서 움직이지 않는 평형상태가 된다. 이러한 평형상태에서는 줄에 걸린 장력이 같게 되므로 줄의 양쪽 끝에 걸린 힘은 같게 된다. 따라서 그림과 같이 한 개의 움직도르래를 사용할 경우 도르래의 축에 걸린 힘 F에 비해 절반의 힘인 $\dfrac{F}{2}$만으로도 평형상태가 된다. 그래서 움직도르래는 더 적은 힘으로 물체를 이동할 수 있게 해 준다.

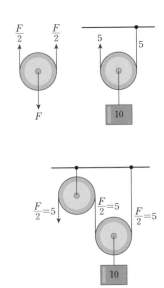

그런데 실제 사용되는 도르래는 대부분 고정도르래와 움직도르래를 함께 사용하는 복합도르래이다. 오른쪽 그림과 같은 간단한 복합도르래의 경우, 움직도르래는 절반의 힘으로 물체를 움직일 수 있는 장점이 있고 고정도르래는 안정적인 자세로 작업을 할 수 있도록 해 준다. 복합도르래에서 힘의 평형상태가 유지되는데 필요한 힘은 위에서 알아본 움직도르래와 같이 $\dfrac{F}{2}$이지만 고정도르래를 사용하여 힘의 방향을 바꾸어 아래쪽으로 잡아당겨 작업할 수 있도록 해 준다. 따라서 움직도르래를 여러 개 사용하면 적은 힘으로도 무거운 물체를 들어 올릴 수 있다.

다음 그림과 같이 두 개의 고정도르래와 두 개의 움직도르래를 한 줄로 연결하여 사용한다면 고정도르래 한 개를 사용했을 때보다 $\dfrac{1}{4}$의 힘,

고정도르래와 움직도르래 각각 한 개씩을 사용했을 때보다 $\frac{1}{2}$의 힘만 있으면 된다. 하지만 줄은 각각 4배, 2배씩 더 많이 잡아당겨야 한다. 즉 움직도르래의 수가 n개일 때, 물체가 올라간 높이를 h, 물체의 무게를 w, 줄을 당긴 거리를 s, 줄을 당긴 힘을 F라 하면 다음 식이 성립함을 알 수 있다.

$$F = \frac{w}{2n}, \quad s = 2nh$$

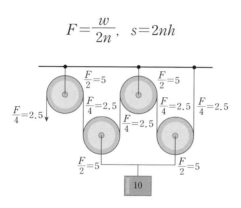

정약용은 거중기에 사용된 도르래에 대하여 다음과 같이 말했다고 한다.

도르래 하나를 설치하면 50근의 힘으로 100근의 무게를 끌어올릴 수 있다. 만일 두 개의 도르래를 사용한다면 25근의 힘으로 100근을 올릴 수 있다. 이것은 짐 전체 무게의 $\frac{1}{4}$에 해당하는 힘이다. 세 개, 네 개, …의 차례로 도르래의 수가 늘어나면 이와 같은 이치로 당기는 힘이 줄어든다. 지금 그림과 같이 상하 여덟 개의 도르래를 사용하면 전체로 25배의 힘을 낸다. … 즉, 40근의 힘으로 능히 1000근의 짐을 움직일 수 있다.

 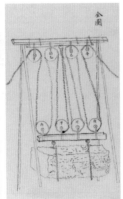

《기기도설》의 거중지법 8도(왼쪽)
정약용은 《기기도설》의 8도, 11도를
참고해 거중기를 만들었다. 서울대학
교 규장각한국학연구원

거중기 설계도(오른쪽)
정약용 저서 《여유당전서》에 실린 그
림이다. 정약용은 이 책에 거중기를
만들게 된 과정을 기록했다. 서울대
학교 규장각한국학연구원

　그런데 위의 정약용이 한 말 중에는 약간의 계산 착오가 있다. 정약
용은 왼쪽의 《기기도설》 거중기 그림과 내용을 참조해 오른쪽처럼 거중
기를 만들기 위한 설계도를 완성했다고 한다. 오른쪽 그림과 같이 고정
도르래 4개와 움직도르래 4개를 한 줄로 연결해 사용한다면 힘은
$\dfrac{1}{2 \times 4} = \dfrac{1}{8}$로 분산되어 8배의 힘을 낼 수 있기 때문에 25배의 힘을
낸다고 한 정약용의 계산은 착오
이다.

　한편 3개의 움직도르래를 여러
줄로 연결한 경우에 움직도르래
1개씩마다 줄을 당기는 힘의 크
기가 절반이 되고, 줄을 당기는
길이는 2배가 되므로 움직도르래
의 수가 증가할 때마다 힘은 2의

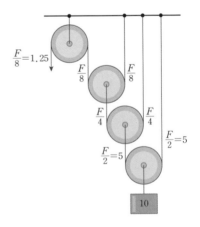

거듭제곱배로 적게 든다는 것을 알 수 있다. 즉, 다음이 성립한다.

$$F = \frac{w}{2^n}, \quad s = 2^n h$$

정약용을 비롯한 수많은 사람의 노력 끝에 화성이 완성된 뒤에 정조는 아버지 묘소를 참배하고자 자주 화성에 행차했다. 특히 어머니 혜경궁 홍씨의 회갑을 기념하는 1795년(을묘년)의 행차에는 수행원 약 1800명, 말 약 800필이 수행하여 그 위엄이 대단하여 지금의 시흥대로인 신작로를 만들었으며 한강에는 배 수십 척을 묶어 처음으로 배다리를 만들어 건너갔다고 한다. 행차가 끝난 뒤에는 행차에 관련된 일정, 비용, 참가자 명단, 행차 그림 들을 기록하여 〈원행을묘정리의궤〉를 편찬했으며 김홍도 등 화원을 시켜 대형 병풍 그림으로도 제작했다.

〈원행을묘정리의궤〉에는 화성 행차 반차도(조선 시대 국가 행사를 그린 기록화)도 있다. 화성 행차 반차도에는 가마를 탄 혜경궁 홍씨의 뒤를 말을 타고 일산을 받은 정조의 모습이 그려져 있다. 이런 작품은 당시 정치와 생활문화, 또 수학과 과학의 수준이 어떠했는지를 짐작할 수 있게 해 준다.

조선 지도학을 집대성한
김정호의 〈대동여지도〉: **백리척과 축척**

우리나라는 삼국 시대부터 지도를 만들어 썼다. 조선에서도 지도 제작 노력은 계속 이어져 지도
제작 형태와 기법이 다양하게 발전했고, 종류도 다양했다. 그중 〈대동여지도〉는 김정호가 우리나
라의 지도 제작 전통을 집대성해 펴낸 전국 지도이다. 근대 지도와 비교해 전혀 손색이 없을 정도
로 상세하고 실용적이다.

2차원의 평면에 세상을 담아내는 지도

우리나라는 삼국 시대부터 1500년 이상 지도를 만들어 써 왔다. 고구려가 당에 고구려 전체를 나타낸 '봉역도'라는 지도를 증정했고, 백제는 지도와 호적을 행정에 이용했으며, 신라는 행정구역 정비 과정에 지도를 활용했다는 기록이 《삼국사기》, 《삼국유사》에 전한다. 고려 또한 지도 제작 전통을 이어갔는데, 조선 초에 만들어진 〈혼일강리역대국도지도混一疆理歷代國都之圖〉의 우리나라 부분은 고려 시대 지도를 계승한 것이다.

〈혼일강리역대국도지도〉는 조선 개국 10년 뒤인 1402년에 제작되었고, 동아시아에서 가장 오래된 세계 지도이다. 〈혼일강리역대국도지도〉는 세계의 영토(混一疆理)와 역대 왕조의 도읍 및 도시(歷代國都)를 나타낸

〈혼일강리역대국도지도〉
사본은 일본 류코쿠 대학에 소장되어 있고, 모사본은 서울대학교 규장각한국학연구원에 있다.

지도(之圖)라는 뜻으로, 조선이 세계를 하나로 아우를 큰 나라가 되기를 바라며 만들었다. 지구는 네모로 그리고, 아시아, 유럽, 아프리카까지 있으며 중국과 조선은 세계의 중심이라 하여 크게 그렸다. 원본 지도는 남아 있지 않고, 1480년대에 원본을 베껴 그린 채색 필사본이 현재 일본 류코쿠 대학에 소장되어 있다.

조선의 지도 제작 노력은 계속 이어져 세종은 효율적인 지방 행정을 위해 지역마다 종합적인 지리지를 만들게 했다. 지리지는 자연환경뿐만 아니라 인문환경까지 자세하게 넣어 2차원의 평면에 공간, 시간, 인간을 담는 종합 지도라 할 수 있다. 편찬 지침까지 내려 보냈는데, 각 고을의 역사뿐만 아니라 역, 강, 호구 수, 유적, 토산물, 봉화 등등을 그려 넣게 했다. 이런 작업의 결과로《동국여지승람》과 같은 여러 지리지가 나왔으며, 세종 때 〈동국지도〉라는 전국 지도도 제작되었다.

왜란과 호란을 겪은 뒤에는 지도에 대한 수요가 더욱 많아졌고, 지도 제작 형태와 기법도 다양하게 발전했다. 행정용, 국방용 등 다양한 지도가 만들어졌는데, 각 고을에서는 역사와 풍물 등을 기록한 읍지를 만들었다.

백리척으로 지도 수준을 끌어올린 정상기 가문

조선 후기 지도 제작 수준을 끌어올린 사람은 정인지의 후손인 영조 대의 지리학자 정상기와 그의 아들 정항령이다. 정상기의 손자 정원림, 종손 정수영도 지도를 계속 고치고 다듬어 지도 제작의 대를 이

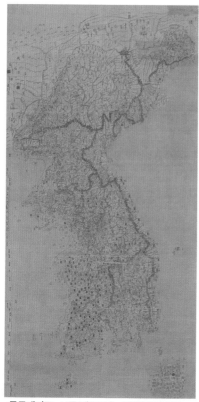

<동국대지도> 보물 제1538호, 국립중앙박물관

었다. 정상기는 실학자 이익의 문인으로 어릴 때부터 병약해서 과거를 단념하고 학문 연구로 일생을 보냈는데, 여러 해 동안 전국 각 지방을 탐방한 끝에 전국 전도와 도별도(조선 시대 8개 행정 구역인 경기도, 강원도, 충청도, 경상도, 전라도, 평안도, 함경도, 황해도를 각각 그린 지도) 8장으로 구성된 <동국지도>를 만들었다. 정상기가 만든 원본은 전해지지 않으나 보물 제1538호로 지정된 <동국대지도>는 정상기의 전국 전도를 모사해 원본에 가깝다. 《영조실록》에는 정상기의 지도에 대해 아래와 같이 적혀 있다.

"정항령정상기의 아들의 집에 <동국대지도>가 있는데, 신이 빌려다 본즉 산천과 도로가 섬세하게 다 갖추어져 있었습니다. 또 백리척으로 재어 보니 틀림없이 착착 맞았습니다." 하니, 임금이 승지에게 명해 가져오게 하여 손수 펴 보고 칭찬하기를, "내 70의 나이에 백리척은 처음 보았다." 하고, 홍문관에 1본을 모사해 들이라고 명하였다. (영조 33년(1757) 8월 6일)

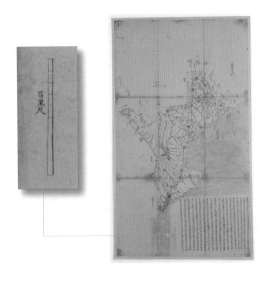

〈동국대지도〉 초본에 표시된 백리척
함경도 경성 옆에 막대 모양으로 표
시되어 있는데, 100리는 약 9.4cm이
다. 국립민속박물관

   정상기의 지도를 모사한 〈동국대지도〉는 가로 137cm, 세로 272cm
인 대형 지도로 한 폭의 넓은 화면 위에 전국의 산천과 행정구역, 국방
시설, 교통 시설, 교통로 등을 한눈에 볼 수 있게 되어 있다. 산성, 역, 봉
수, 고갯길 등 정보들을 요즘 우리가 보는 것처럼 기호로 만들어 지도에
표시했다.
   정상기가 만든 지도의 가장 큰 특징은 100리를 1자[尺]로, 10리를 1
치[寸]로 하는 백리척(百里尺)을 이용하여 지도상에서 실제 거리를 산출
할 수 있도록 한 점이다.
   여기서 잠깐 축척에 대하여 간단히 알아보고 가자.
   인쇄된 지도에서 1:50,000나 1:250,000과 같은 비나 $\frac{1}{50,000}$ 이나
$\frac{1}{250,000}$ 과 같은 분수, 막대자 그림같은 축척을 볼 수 있다. 지도를 만

들려면 지표면의 모습을 축소해서 그려야 하는데, 그 축소 비율을 '축척'이라 한다. 지도에서 축척은 넓이의 축소 비율이 아니라 길이의 축소 비율이다.

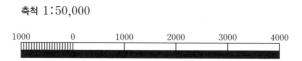

축척 1 : 50,000

이를테면 1 : 50,000의 축척은 실제 길이 50,000cm를 지도상에서는 1cm의 거리로 나타낸다는 것을 뜻한다. 그래서 1 : 50,000의 지도는 길이를 $\dfrac{1}{50,000}$로 줄인 것이므로 넓이는 그 제곱인 $\dfrac{1}{50,000} \times \dfrac{1}{50,000}$ $= \dfrac{1}{2,500,000,000}$로 줄어든다. 다시 말하면 축척이 $\dfrac{1}{50,000}$인 지도에서 1cm 거리는 실제로 50,000cm = 500m이므로 실제거리 1,000m (= 1km)는 지도상에서 2cm이고, 지표면의 1km^2는 지도에서 4cm^2로 표시된다.

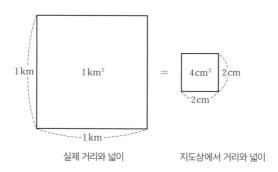

실제 거리와 넓이   지도상에서 거리와 넓이

축척은 수학에서 배운 도형의 닮음을 이용한 것이다. 수학에서는 한 도형을 일정한 비율로 확대하거나 축소하여 다른 도형과 합동이 될 때 이 두 도형은 '서로 닮았다'고 한다. 도형을 축소하거나 확대하는 과정에서 넓이만 줄어들거나 늘어나는 것이 아니라 모든 길이가 일정한 비율인 닮음비로

축척	지도에서 1 cm가 나타내는 실제 거리
1 : 5,000	50 m
1 : 10,000	100 m
1 : 25,000	250 m
1 : 50,000	500 m
1 : 250,000	2.5 km
1 : 1,000,000	10 km

줄어들거나 늘어나게 된다. 지도는 닮음비를 이용하여 실제의 땅 모양을 일정한 비율로 축소하여 좁은 지면 위에 나타낸 것이고, 이때의 닮음비가 바로 축척이다. 오른쪽 표는 서로 다른 축척에 대하여 지도에서 1cm가 실제로 몇 m 또는 km를 나타내는지 계산한 것이다.

정상기가 〈동국지도〉에 사용한 백리척은 그 후 널리 유행해 김정호의 〈청구도〉와 〈대동여지도〉에 큰 영향을 주었다.

조선 지도학의 거인 김정호가 만든 〈대동여지도〉

정상기가 지도 제작에 한 획을 그은 지 약 100년 뒤 조선의 지도 제작 역량을 집대성한 거장이 김정호이다. 〈대동여지도〉는 김정호가 우리나라의 지도 제작 전통을 집대성하여 철종 12년인 1861년에 편찬한 전국 지도이다. 근대 지도와 비교해 전혀 손색이 없을 정도로 상세하고 실용적이다.

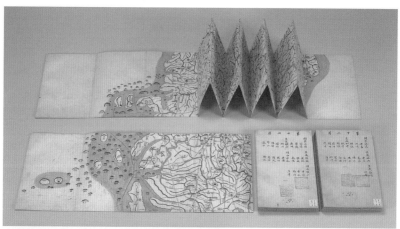

<대동여지도> 각 첩의 형태

<대동여지도> 목판,
국립중앙박물관

〈대동여지도〉 제1첩에는 일종의 서문이라 할 수 있는 '지도유설'이 실려 있다. 이 글 말미에 중국 손자(춘추 시대 병법가로《손자병법》을 썼다.)의 글을 빌려 "세상이 어지러우면 이로써 쳐들어오는 적을 막는 일을 돕고 강폭한 무리들을 제거하며, 시절이 평화로우면 이로써 나라를 경영하고 백성을 다스리니 모두 내 글을 따라서 취하는 것이 있을 것이다."라고 적었다. 즉, 지도는 전쟁이 일어났을 때나 평화로울 때 모두 유용하리라

한 것이다.

김정호는 조선의 국토를 남북 120리 간격의 22층으로 나누고, 각 층의 지도를 1권의 첩으로 엮었다. 각 권의 첩은 동서 80리를 기준으로 펴고 접을 수 있게 제작해 편리하게 볼 수 있도록 했다. 22권의 첩을 모두 펼쳐 연결하면 세로 약 6.7 m, 가로 약 3.8 m의 초대형 전국 지도가 된다.

게다가 김정호는 〈대동여지도〉를 대량 인쇄가 가능하도록 목판으로 만들었다. 이 목판으로 인쇄한 〈대동여지도〉가 현재 30여 질 전해진다. 〈대동여지도〉 목판 수는 모두 약 60매로 추정되는데, 이중 1/5 정도인 12매가 오늘날까지 남아 있으며 보물 제1581호이다.

김정호는 산줄기를 국토의 뼈대라고 생각했기에 〈대동여지도〉에는 우리 국토의 모든 산이 백두산에서 비롯된 산줄기, 즉 백두대간으로부터 갈라져 나간 산줄기들로 연결되어 있다. 산을 낱낱의 봉우리로 표현하지 않고 마치 톱니 모양이 연속된 것처럼 나타냈는데, 산줄기의 굵기로 크기와 중요도를 표현했다. 산줄기 사이를 흐르는 물줄기도 흐름과 폭을 반영하여 섬세하게 표현했다. 물줄기는 곡선으로, 도로는 직선으로 표현하여 구분이 쉽도록 하였고, 도로에는 10리마다 점을 찍어 지도를 사용하는 사람이 직접 거리를 계산할 수 있도록 하였다.

김정호는 특히 11,700여 개에 달하는 많은 지명들을 쉽고 빠르게 인식할 수 있도록 여러 가지 기호를 고안했으며, 이러한 기호들을 '지도표'라는 일종의 범례에 정리하여 이용자들의 이해를 도왔다. 오른쪽 그림은 〈대동여지도〉의 지도표이다. 기호에 채색이 되어 있는 것은 독자

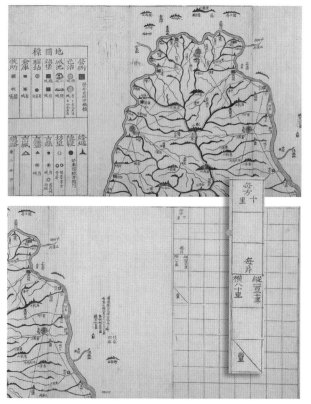

의 편의를 위한 것으로 인쇄 후에 덧칠한 것이지만 기호는 채색이 없어도 식별할 수 있도록 고안되었다.

　〈대동여지도〉는 대축척지도인데, 이전 지도에서 볼 수 없었던 방식으로 지도에 축척을 명시했다. 〈대동여지도〉 제1첩에 원고지처럼 모눈(방격方格)이 그려져 있는 면이 있다. 가로 8개, 세로 12개의 눈금이다. 눈금 한 칸에 '매방십리(每方十里)'라고 기록해 눈금 하나가 10리임을 명시했다. 또 다른 칸에는 '매편(每片) 종일백이십리(縱一百二十里) 횡팔십리(橫

八十里)'라고 되어 지도 한 면이 동서 80리, 남북 120리임을 나타냈다. 한 눈금, 즉 10리가 2.5 cm이고, 지도 한 면이 동서로 80리이므로 20 cm, 세로로는 120리이므로 30 cm가 된다. 한편, 맨 밑의 '14리'는 대각선의 거리를 말한다. 이것은 한 변의 길이가 a인 정사각형의 대각선의 길이는 $\sqrt{2}a$이므로 10리인 정사각형의 대각선의 길이는 $10\sqrt{2}=14$임을 나타낸다. 즉, $\sqrt{2}$의 근삿값으로 1.4를 택한 것이므로 김정호가 〈대동여지도〉를 제작할 때 매우 정밀하게 거리를 측량했음을 알 수 있다.

그런데 대축척지도인 〈대동여지도〉의 축척이 얼마인지는 여러 가지 설이 있다. 1 : 180,000, 1 : 160,000, 1 : 216,000, 1 : 162,000 등 다양하다. 이는 1리의 길이를 얼마로 보느냐, 기준 길이를 무엇으로 삼느냐에 따라 달라지기 때문이다. 따라서 이하는 〈대동여지도〉의 축척을 구하는 과정에 대한 설명이다.

영조 대의 법전인 《속대전》과 김정호가 쓴 지리서인 《대동지지》에는 "주척周尺을 쓰되 6척은 1보이고, 360보는 1리이며, 3600보는 10리로 된다."로 기록되어 있다. 즉 다음이 성립한다.

1리＝360보
1보＝6척＝60촌
10리＝3600보
10리＝3600×60촌＝216,000촌

그리고 조선 시대의 도량형기를 측정한 결과 1촌은 약 2.1 cm에 해당하므로 〈대동여지도〉의 1눈금의 길이 2.5 cm는 약 1.2촌이다. 따라서 〈대동여지도〉의 축척은

1.2 : 216,000 = 1 : 180,000임을 알 수 있다. 그러나 조선 시대에는 통일된 도량형이 있기는 했어도 정확하게 지정되지 않아서 축척을 정확히 계산하기 힘들다. 다만 10리를 4 km라 하면 축척은 1 : 160,000이고 5.4 km라 하면

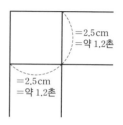

=2.5 cm
=약 1.2촌

=2.5 cm
=약 1.2촌

1 : 216,000이다. 또 방격표의 거리로 계산하면 축척은 약 1 : 162,000임을 알 수 있다.

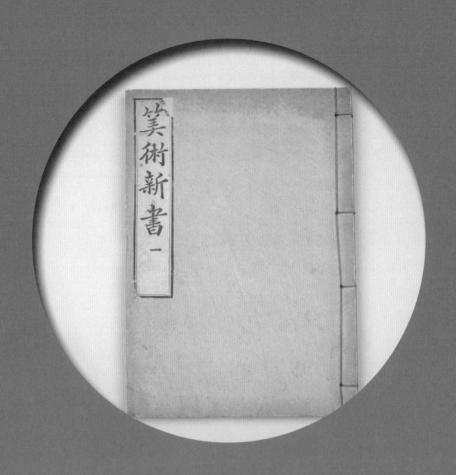

헤이그 특사 이상설의 《산술신서》:
전통 수학과 근대 수학의 가교

이상설은 조선의 마지막 과거에 급제한 관리이자 헤이그에 특사로 갔던 독립운동가였다. 이상설은 서양의 과학과 수학의 필요성을 인식하고 서양 수학을 독학해 동양의 전통 수학과 근대 서양 수학을 두루 섭렵했다. 또한 서양 수학을 학습하기 쉽도록 《수리》 같은 수학 교과서를 저술하고, 수학 과목을 교과 과정에 정식으로 도입하기도 했다.

**을사조약의 부당함을
세계에 알리려 하다**

19세기 서양 각국은 자국의 이익을 위해 동아시아 나라들을 침탈하며 제국주의로 나아갔다. 일본은 1854년 미국의 무력에 굴복해 개항을 한 뒤에 서구 문물을 받아들여 자본주의 체제를 갖추고 산업화를 진행하면서 서구의 제국주의 노선 또한 그대로 따라 했다. 일본의 1차 공격 대상은 가장 가까이에 있는 조선이었다. 1876년 군함을 앞세우고 와서 조선과 강화도조약을 체결한 이후 우리나라에 대한 일본의 침략은 치밀하고 집요하며 무자비하게 진행되었다. 고종의 비 명성 황후가 일본 대신 러시아와 손을 잡으려 하자 일본은 낭인들을 시켜 명성 황후를 살해하기까지 했다.

고종은 나라 이름을 조선에서 대한제국으로 바꾸고, 왕에서 황제로 높여 외세에 휘둘리지 않는 자주 독립을 지키려 했다. 하지만 일본은 1904년 러일전쟁에서 승리하자 경쟁 국가들을 제치고 대한제국을 본격적으로 지배하기 시작했다. 1905년, 일본은 고종의 반대에도 불

고종 황제 어진
대한제국 초대 황제인 고종의 초상으로, 비단에 그렸다. 통천관을 쓰고 강사포를 입은 것으로 보아 황제 등극 후에 그린 것으로 보인다. 국립고궁박물관

구하고 친일 대신의 찬성을 얻어 을사조약(을사늑약)을 체결해 대한제국의 외교권을 뺏고, 통감부를 설치해 외교와 내정에 간섭했다. 이에 민영환을 비롯한 사회 지도층들이 자결을 하거나 전국 곳곳에서 의병이 일어나 일제의 침략에 항거했다. 을사조약을 인준하지 않았던 고종도 기회만 있으면 을사조약에 반대하는 친서를 국외로 보내 이 조약의 부당함을 세계에 알리고자 했다. 그러던 중 러시아 황제 니콜라이 2세가 극비리에 고종에게 제2회 만국평화회의 초청장을 보내왔다. 고종은 일제의 침략을 호소하고 을사조약의 무효를 주장하고자 1907년 네덜란드 헤이그에 이준, 이상설, 이위종을 특사로 파견했다.

그러나 일본은 당시 동맹국이던 영국의 협조를 얻어 한국은 일본의 보호국으로 외교권이 없다며 회의 참석을 방해했고, 특사들은 외국 언론을 통하여 을사조약이 무효임을 폭로했다. 이 과정에서 이준은 울분을 참지 못하고 헤이그에서 생을 마감했고, 일본 통감부는 궐석 재판으로 이상설에게 사형을 선고했다. 다음은 황제가 헤이그 밀사에게 써 준 칙서의 내용이다.

만국평화회의

러시아 황제 니콜라이 2세가 제안하여 세계 평화를 도모하고자 헤이그에서 두 차례 열렸던 회의이다. 당시 서구 제국주의 국가들은 군비 경쟁을 치열하게 하고 있었고, 군사 분쟁의 위험이 항상 도사리고 있었다. 군사비 급증에 따라 각 나라들의 재정 압박도 커지자 니콜라이 2세가 제안한 평화회의를 1899년 헤이그에서 처음 열었다. 국제 분쟁을 평화적으로 처리하기 위한 협약 등을 맺었는데, 이 협약에 총 32개 나라가 서명했다. 2차 회의는 1907년에 열렸는데, 고종은 이 회의에 특사를 파견한 것이다. 2차 회의에서도 주로 국제 분쟁, 군비 축소 등에 대한 협약을 맺었고, 총 44개국이 서명했다. 하지만 이 회의 7년 뒤인 1914년 제1차 세계 대전이 일어났다.

대황제는 명령을 적은 문서를 버리니, 아국의 자주독립은 이에 세계 여러 나라의 공인하는 바라 … (중략) … 이에 여기 종이품 전 의정부 참찬 이상설, 전 평리원 검사 이준, 전 주러시아 공사관 참서관 이위종을 특파하여 네덜란드 헤이그 국제평화회의에 나가서 본국의 모든 실정을 온 세계에 알리고 우리의 외교권을 다시 찾아 우리의 여러 우방과의 외교 관계를 원만하게 하도록 바라노라. 짐이 생각건대 이번 특사들의 성품이 충실하고 강직하여 이번 일을 수행하는 데 가장 적임자인 줄 안다. 대한 광무 11년 4월 20일 한양경성 경운궁에서 서명하고 옥새를 찍노라.

일본은 헤이그 특사 사건을 빌미로 고종을 강제로 퇴위시키고 순종

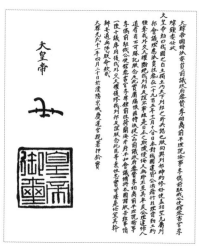

칙서
1907년 4월 20일자로 헤이그 만국평화회의에 참석하는 이준에게 고종이 건넨 것이다.

1907년 7월 5일자 만국평화회의보
네덜란드 헤이그에서 개최된 제2회 만국평화회의에 참석한 이준(사진 왼쪽부터), 이상설, 이위종의 활동을 보도했다.

을 즉위시켰다. 또한 순종을 창덕궁으로 이주시켜 고종과 만나지 못하게 했다. 궐석 재판에서 사형을 받은 이상설은 귀국을 하지 않고 북간도와 러시아 국경 등에서 독립운동을 하다가 조국의 독립을 보지 못하고 1917년 러시아 연해주 지역에서 사망했다.

조선의 마지막 과거 급제자에서 독립운동가까지 파란만장한 삶

어려서부터 총명했던 이상설은 이미 20대 초반에 율곡 이이를 따라갈 만한 학자라고 칭송을 받을 만큼 높은 경지의 학업을 이루었다. 25세 때인 1894년에 치른 조선의 마지막 과거에 급제하여 한림학사에 제수된 후 곧이어 세자를 가르치기도 했다. 흥미로운 것은 당시 20세였던 이승만과 19세였던 김구도 마지막 과거 시험에 응시했는데, 둘 다 낙방을 했다는 것이다. 과거 낙방한 이승만은 배재학당에서 공부한 뒤 미국으로 유학을 갔고, 김구는 동학에 투신했다. 이상설은 성균관 관장을 비롯하여 여러 관직을 거치는 한편 일제의 침략 야욕에 대항하며 항일 구

바닷가 지역, 연해주沿海州

러시아의 가장 동남쪽에 있는 프리모르스키 지방인데 우리는 보통 연해주라고 부른다. '프리모르스키'는 러시아어로 '바닷가'의, '연해의'라는 뜻인데, 이를 한자어로 바꾸어 연해주라고 한 것이다. 우리나라 함경북도와 닿아 있으며 주요 도시는 블라디보스토크이다. 발해의 영토이기도 했는데, 발해가 멸망한 뒤에는 숙신, 말갈, 여진이 살았고, 1860년부터 러시아 땅이 되었다. 우리나라 사람들은 조선 후기부터 이곳에 옮겨 가 살기 시작했고, 일제가 우리나라를 강점한 뒤에는 국외 독립운동의 거점 지역 중 하나였다.

국 운동을 위하여 대한협동회를 조직해 의장으로 추대되었는데, 이준·
이상재·이동휘 등이 간부를 맡았다.

1905년 을사조약이 체결되자 이상설은 을사오적(이완용, 박제순, 이지용,
이근택, 권중현)의 처단을 주장하는 상소를 5차례나 올리는 한편, 종로 거
리로 나와 통곡을 하면서 항쟁 연설을 한 뒤 자결을 시도하였으나 시민
들의 제지로 뜻을 이루지 못했다. 1906년에 일본이 통감부를 설치하자
이상설은 항일 독립운동을 시작했다. 모든 재산을 처분하여 독립운동
자금을 만든 뒤 항일 투쟁과 인재 양성을 위해 북간도 용정(龍井)으로
갔다. 용정은 당시 일제의 탄압과 가난을 피해 만주로 떠나온 조선인으
로 가득한 곳이었다. 이상설은 용정에서 동포들의 교육을 위하여 북간
도 최초의 근대 교육 기관인 서전서숙을 세워 교육을 통한 구국 운동에
전념했다.

그러던 중 이상설은 이회영을 통해 1907년 4월에 고종의 친서를 받
고 이준, 이위종과 함께 네덜란드의 수도 헤이그에서 열린 만국평화회

서전서숙
이상설이 지금의 중국 지린성 룽
징(용정)에 세운 서전서숙의 모
습이다. 독립기념관

의에 특사로 파견되었다. 일본은 이상설에게 사형을, 이위종에게 무기 징역을 선고하고 체포령을 내렸는데, 이준은 분을 못 이긴 채 이미 헤이그에서 순국하였다. 이상설은 헤이그 특사 건으로 사형선고를 받고, 북간도의 서전서숙마저 폐쇄되자 유럽, 미국 등을 거쳐 러시아 연해주와 중국 간도 지역 등에서 독립운동에 전념하다 1917년 3월에 연해주 니콜리스크(지금의 우수리스크)에서 48세를 일기로 파란 많은 일생을 마쳤다. 1962년에 대한민국 정부는 이상설에게 건국훈장 대통령장을 추서했다.

전통 수학과
근대 서양 수학의 가교자

이상설은 당대를 대표하는 유학자이면서도 서양의 과학과 수학의 필요성을 인식하고 서양 수학을 독학했다. 그는 서양 수학을 학습하기 쉽도록 수학 교과서를 저술하고, 수학 과목을 교과 과정에 정식으로 도입하는 등 교육에도 큰 업적을 남겼다.

송상도가 대한제국 말기부터 광복까지 애국지사들의 행적과 사료를 모아 기록한 《기려수필》에서는 이상설을 당대 최고의 수학자라고 평가하고 있다.

8, 9세에 공부가 제법 깊어 세상 사람들이 그를 두고 신동이라 불렀다. 경전의 이치를 깊이 깨달았고, 또한 수학을 익혀 심오한 경지에 이르렀으니 당대의 권위자가 되었다. 이 모두가 스승 없이 스스로 익힌 것이다.

《기려수필》 중에서

이상설은 이렇게 독학으로 수학을 공부한 뒤 과거 공부를 하던 중인 1886~1887년경에 《수리》라는 수학책을 직접 붓글씨로 썼다. 《수리》 전반부는 주로 중국의 근대 수학책인 《수리정온》에서 발췌해 필사한 것이지만, 책 후반부는 서양 근대 수학을 공부한 내용이 정리되어 있다. 게다가 서양식 수학 기호들도 그대로 들어가 있다. 기존 조선 수학책들이 수학 기호 없이 구술로 문제를 적었던 데 비해 놀라운 점이다. 즉, 이상설은 동양의 전통 수학과 근대 서양 수학을 다 꿰고 있었던 셈이다.

이상설은 과거에 합격하고 얼마 지나지 않아 성균관장이 되자 성균관의 교육 과정에 수학을 필수 과목으로 포함시키고, 1900년에는 《산술신서》라는 수학책을 발간했다. 이 책은 일본인 우에노 기요시가 쓴 《근세산술》을 번역해 국한문을 혼용한 설명을 붙여 편집했다. 《산술신서》는 학생용이 아니라 수학 교사를 배출하는 한성사범학교에서 예비교사 교육용 교과서로 쓰일 만큼 순열, 조합 등이 포함된 당시 수준으로는 차별화된 수학책이었다. 이 책은 一(일)·二(이) 두 권으로 되어 있으며 一권의 내용은 제1편 총론, 제2편 정수의 구성 및 계산, 제3편 사칙 계산법, 제4편 정수의 성질이고, 二권의 내용은 제5편 분수, 제6편 소수, 제7편 순환소수이다. 《산술신서》 一권의 제1편 총론에서는 수와 양, 단위 등에 대한 정의를 볼 수 있다. 제2편에는 수의 단위인 일, 십, 백, 천, 만을 소개하며 억은 만을 10000배 한 것, 조는 억을 10000배 한 것이라고 하고 있다. 조 이상의 단위도 모두 앞 단위에 10000배 한 것이라며 조 이상의 단위는 경(京), 해(垓), 자(秭), 양(穰), 구(溝), 간(澗), 정(正), 재(載), 극(極)까지 소개하고 있다.

또, 오늘날 우리가 로마숫자라고 하는 것을 라마자(羅馬字)라 했으며 다섯 가지 법칙을 소개하고 있다. 《산술신서》에 소개된 다섯 법칙을 간단히 소개하면 다음과 같다. 여기에 로마자에 대한 별칙도 있는데 100이나 1000 등을 나타내는 방법으로 일반적으로 사용하지 않는다고 설명하고 있다.

제1법칙 : 같은 문자를 여러 번 겹쳐 사용할 수 있다. 이를테면 II는 2이고 XX는 20이다.

제2법칙 : 큰 수의 오른쪽에 작은 수를 쓰면 두 수의 합을 나타낸다. 이를테면 XI은 11이고, LX는 60이고 DL은 550이다.

제3법칙 : 큰 수의 왼쪽에 작은 수를 쓰면 두 수의 차를 나타낸다. 이를테면 IV는 4이고, XL은 40이고, CD는 400이다.

제4법칙 : 큰 수 사이에 작은 수를 쓰면 양쪽의 큰 수에서 작은 수를 감한 것이다. 이를테면 XIV는 14이고, XXIX는 29이다.

제5법칙 : 문자의 위에 가로선을 첨가하면 그 값의 1000배를 나타낸다. 이를테면 $\overline{V}$는 5000이고, $\overline{L}$은 50000이다.

한편, 오늘날 우리가 사용하고 있는 인도-아라비아 숫자를 처음으로 소개하며 사용법도 소개하고 있다. 즉, 이전에는 수를 나타낼 때 한자를 사용해 나타냈는데, 1900년대에 들어서서 인도-아라비아 숫자가 우리나라에 소개된 것이다. 예를 들어 526706의 각 숫자가 나타내는 값을 설명하며 수를 읽는 방법도 제시하고 있다. 특히 각 숫자가 위

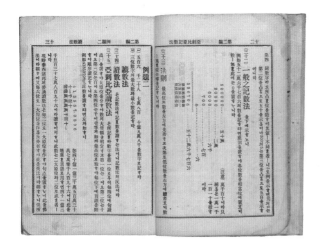

치한 자리를 표시하여 십진법에 의한 위치 수 체계를 사용하는 방법을 알려주고 있다. 또한 수를 표시하면서 기존의 세로쓰기가 가로쓰기와 병행되고 있음을 볼 수 있다.

《산술신서》에는 거듭제곱을 포함하여 대수(代數)에서 사용하는 부등호 $<$ 와 같은 여러 가지 기호와 표현법도 소개하고 있는데, 영어의 알파벳 a, b, c, n 등으로 수를 대신하는 방법도 등장한다.

또 《산술신서》에는 오늘날 우리가 사용하고 있는 사칙 연산의 기호인 $+, -, \times, \div$ 와 곱셈구구도 소개하고 있다. 그런데 나눗셈을 하는 방법이 오늘날과 약간 차이가 있다. 오늘날에는 세로로 나눗셈을 할 때 몫을 위에 쓰는 반면에 《산술신서》에서는 몫을 오른쪽에 쓴다는 것이다. 예를 들어 다음 표는 1257÷5를 《산술신서》에 소개된 방법과 오늘날과 같이 계산하는 방법을 함께 나타낸 것이다.

《산술신서》의 표현법	오늘날의 표현법

5)1257 (251…몫
  10
  25
  25
   7
   5
   2 … 나머지
	251 … 몫
	5)1257
	  10
	  25
	  25
	   7
	   5
	   2 … 나머지

또 분수를 표현하는 방법은 지금과 같지만 소수는 약간 다르게 표현하고 있다. 《산술신서》를 보면 다음과 같은 소수 표현이 있다.

$$3\frac{7245}{10000} = 3 + \frac{7000}{10000} + \frac{200}{10000} + \frac{40}{10000} + \frac{5}{10000}$$

$$= 3 + \frac{7}{10} + \frac{2}{100} + \frac{4}{1000} + \frac{5}{10000}$$

$$但 \frac{7}{10} = {}^\bullet 7, \frac{2}{100} = {}^\bullet 02, \frac{4}{1000} = {}^\bullet 004, \frac{5}{10000} = {}^\bullet 0005,$$

$$郎 3\frac{7245}{10000} = 3 + {}^\bullet 7 + {}^\bullet 02 + {}^\bullet 004 + {}^\bullet 0005,$$

이것은 $3\frac{7245}{10000}$를 십진법 전개식으로 나타낸 것이고, 마지막 식과 그 합은 다음과 같다.

$$3\frac{7245}{10000} = 3 + {}^\bullet 7 + {}^\bullet 02 + {}^\bullet 004 + {}^\bullet 0005$$

$$= 3 {}^\bullet 7245$$

즉, 소수점을 지금은 3.7245와 같이 숫자의 밑 부분에 찍는데《산술신서》에는 소수점이 가운데 찍혀 있다. 그리고 순환소수의 경우는 예를 들어 $5 \div 7 = 0.\dot{7}1428\dot{5}$는 지금과 마찬가지로 순환하는 숫자 위에 점을 찍어서 표현했다.

이상설의 《산술신서》에 이어 다양한 수준의 국한문 혼용 수학책이 많이 간행되었다. 1900년부터 1910년 사이에 우리나라 사람이 한글로 쓰거나 편찬한 수학책은 다음과 같다.

1900년《산술신서(1권 상, 하)》

1901년《신정산술新訂算術, 一, 二, 三》

1902년《산술신편算術新編》

1907년《정선산학(상)》,《중등산학(상, 하)》,《산학신편算學新編, 상, 하》

1908년《초등산술교과서(상)》,《최신산술(상, 하)》,《초등근세산술(전)》,

　　　《신정교과 산학통편》,《신식산술교과서(전)》

1909년《보통교과 산술서(제1학년용, 제2학년용)》,《산술지남(상)》,

《근세대수(상)》

보통 우리는 이상설을 헤이그에 특사로 갔던 독립운동가로만 기억한다. 하지만 앞에서 살펴본 바와 같이 이상설은 근대 수학과 과학을 누구보다 먼저 깊이 있게 이해하고 대중화한 훌륭한 수학 교육자이다.

참고문헌

고동환 외, 《조선시대사 1》, 푸른역사, 2015

고연희, 〈'신사임당 초충도' 18세기 회화문화의 한 양상〉, 한국미술연구소 《미술사논단》 제37호
　　중에서(2013. 12)

권영인, 서보억, 〈종이학을 접고 펼친 흔적을 통한 수학탐구활동〉, 한국수학교육학회지 시리즈 E,
　　제20권(2006), pp.469-482.

김용운, 김용국, 《한국수학사》, 살림MATH, 2008

김인호 외, 《고려시대사 1》, 푸른역사, 2017

남상숙, 〈동양의 율산에 관한 연구(II)〉, 한국수학사학회지, 제5권(1988), pp.81-95.

문중양 외, 《15세기, 조선의 때 이른 절정》, 민음사, 2014

신동원, 《한국 과학사 이야기 1》, 책과함께어린이, 2010

여호규 외, 《한국고대사 1》, 푸른역사, 2016

오기환, 〈풍수철학에서의 수의 상징적, 생태학적 의미의 이해를 통한 건축공간의 해석〉, 대한건축
　　학회연합논문집, 제14권(2012. 12), pp.97-108.

이강섭, 〈목제주령구의 제작기법 및 수학교육적 의미〉, 한국수학사학회지, 제19권(2006), pp.43-56.

이순신역사연구회, 《이순신과 임진왜란》, 비봉출판사, 2005

이종서 외, 《고려시대사 2》, 푸른역사, 2017

일연 저, 김원중 역, 《삼국유사》, 을유문화사, 2003

일연, 《삼국유사》, 민음사, 2008

장사훈, 《증보 한국음악사》, 세광음악출판사, 1991

전덕재 외, 《한국고대사 2》, 푸른역사, 2016

〈지도예찬〉, 국립중앙박물관특별전, 2018

한국역사연구회 고대사분과, 《삼국시대 사람들은 어떻게 살았을까》, 청년사, 2005

한명기 외, 《16세기, 성리학 유토피아》, 민음사, 2014

한영우, 《다시 찾는 우리 역사》, 경세원, 2017

한정순, 〈주먹 돌도끼에 나타난 황금비〉, 한국수학사학회지, 제19권(2006), pp.43-54.

헨드릭 하멜, 《하멜표류기》, 서해문집, 2003

우리 역사에 숨은 수학의 비밀

한국사에서 수학을 보다

초판 1쇄 발행 2020년 6월 18일 **초판 7쇄 발행** 2024년 11월 14일

지은이 이광연
기획 신미희
펴낸이 최순영

교양 학습 팀장 김솔미 **편집** 이미숙
키즈 디자인 팀장 이수현 **디자인** 최수정

펴낸곳 ㈜위즈덤하우스 **출판등록** 2000년 5월 23일 제13-1071호
주소 서울특별시 마포구 양화로 19 합정오피스빌딩 17층
전화 02) 2179-5600 **홈페이지** www.wisdomhouse.co.kr **전자우편** kids@wisdomhouse.co.kr

ⓒ 이광연, 2020
ISBN 979-11-90786-78-2 43410